BERICHT

über die Arbeiten der

Lichtmess-Commission

des

Deutschen Vereins von Gas- und Wasserfachmännern.

––––––––

Im Auftrage des Vereines bearbeitet

von

Dr. Hugo Krüss

in Hamburg.

München.

Druck und Verlag von R. Oldenbourg.

1897.

Dem Andenken Simon Schiele's

gewidmet.

Vorwort.

Auf der XXXVI. Jahresversammlung 1896 des Deutschen Vereins von Gas-
und Wasserfachmännern in Berlin hat die Lichtmess-Commission folgenden Bericht
erstattet:

„Laut Beschluss der XXXV. Jahresversammlung 1895 in Köln wurde der Lichtmess-Commission anheimgegeben, einen zusammenfassenden Bericht über ihre Arbeiten
abzufassen.

Dieser Antrag war Namens der Lichtmess-Commission von ihrem Vorsitzenden,
Herrn Director Simon Schiele, gestellt worden; derselbe hatte dabei im Auge eine
Zusammenfassung der ausgedehnten Arbeiten, welche die Commission in den letzten
zehn Jahren einerseits über die Hefnerlampe, andererseits über das zur Photometrie
in der Gastechnik zu benützende Photometer ausgeführt hatte.

Nachdem Simon Schiele am 15. Juli 1895 durch den Tod seinen aufrichtig
um ihn trauernden Mitarbeitern entrissen worden war, erweiterte sich in den Gedanken der Mitglieder der Lichtmess-Commission der ihnen von ihrem bisherigen
Vorsitzenden hinterlassene Plan, und die Commission beschloss in ihrer am 28. Februar
ds. Js. in Berlin abgehaltenen Sitzung, bei der heurigen Jahresversammlung zu be-
antragen, sie möge beauftragt werden, den Bericht auszudehnen bis zu dem Anfang
der Arbeiten auf dem Gebiete der Lichtmesskunst, wie er gegeben ist in dem am
16. October 1865 erfolgten Zusammentritt von Gasfachmännern, Gelehrten und Vertretern von Stadtverwaltungen zum Zwecke der Besprechung von Messversuchen in
der Gastechnik. Dieser Vereinigung schloss sich Simon Schiele, damals noch in
Crefeld, nicht nur an, sondern er wurde sogar Vorsitzender dieser zunächst freiwilligen, vom Deutschen Verein von Gas- und Wasserfachmännern unabhängigen
Commission.

So hat Simon Schiele durch 30 Jahre hindurch den hervorragendsten Antheil
an den in Betracht kommenden Arbeiten genommen, und die Lichtmess-Commission
glaubt, dass der Verein ihrem langjährigen Vorsitzenden und seinem
Ehrenvorsitzenden durch Veranlassung des beantragten umfassen-
den Berichtes ein bleibendes Ehrendenkmal errichtet wird.

Die 1865 zusammengetretenen Herren stellten sich die Aufgabe, eine brauchbare Photometerkerze zu liefern, Normen für die Construction, Aufstellung und Benutzung eines für die Gastechnik geeigneten Photometers aufzustellen und passende Brenner für die Photometrirung des Gases zu bestimmen. Im Jahre 1867 kam die Commission in Dortmund wieder zusammen, und 1869 trat sie auf der IX. Jahresversammlung bereits als Lichtmess-Commission auf und förderte den Vereinsbeschluss, es möge eine Paraffinkerze (6 auf 1 Zollpfund) als Normalkerze eingeführt werden, nachdem die regelmässige Beschaffung der Münchner („Milly“) Stearinkerzen auf Schwierigkeiten gestossen war. Es wurden Vergleiche mit den bisher in den einzelnen Städten gebräuchlichen Kerzen ausgeführt, und auf der X. Jahresversammlung 1870 in Hamburg die Commission als Kerzencommission zur Ueberwachung der Kerzenfabrikation constituirt.

Auf der XII. Jahresversammlung 1872 in Würzburg stellte die Commission allgemeine Normen für die Gas-Photometrie auf, die bis jetzt in der grössten Anzahl deutscher Gasanstalten wirksam gewesen sind. Die Paraffinkerze wurde in der richtigen Erkenntniss, dass eine Kerze keine Normallichtquelle sein könne, nicht als »Normal«-Kerze, sondern als »Photometer«-Kerze proclamirt und galt von da an als »Vereins«-Kerze.

Die Schwierigkeiten der Herstellung und nicht weniger die der Einführung dieser Photometerkerze zogen sich bis in den Anfang der achtziger Jahre hinein. Die Commission beschäftigte sich in diesen Jahren ausschliesslich mit der sorgfältigen Controlle der Herstellung der Kerzen.

Sie wurde zu neuer intensiverer Thätigkeit erweckt durch den ihr von der XXVI. Jahresversammlung 1886 in Eisenach gegebenen Auftrag, die Amylacetatlampe, welche schon im Vorjahre auf der Jahresversammlung besprochen worden war, in den Bereich ihrer Untersuchungen zu ziehen. Auf der folgenden XXVII. Jahresversammlung 1887 in Hamburg wurde auch eine Revision der photometrischen Methoden in Anregung gebracht und durch die XXVIII. Jahresversammlung 1888 in Stuttgart die Mitarbeit der neu in's Leben getretenen Physikalisch-Technischen Reichsanstalt erbeten. Es trat nun eine Zeit emsigster Arbeit für die Lichtmess-Commission ein; mit Hülfe besonders gebauter Photometer wurde das Verhältniss zwischen der Amylacetatlampe und den verschiedenen Kerzen bestimmt, und im Verein mit der Reichsanstalt die für den Gebrauch praktischste Form der Amylacetatlampe festgestellt. Diese Arbeiten führten dann zu den 1893 von der Reichsanstalt veröffentlichten Beglaubigungsvorschriften der nach ihrem Erfinder fortan als »Hefnerlampe« zu bezeichnenden Einheitslichtquelle.

Die Lichtmess-Commission hat dann die verschiedenen Formen des Lummer-Brodhun'schen Photometerkopfes eingehend geprüft und der letzten XXXV. Jahresversammlung 1895 in Köln eine praktische Anordnung eines Normalphotometers vorgelegt.

Die Hauptarbeit an diesen Aufgaben der Lichtmess-Commission in den letzten zehn Jahren hat wiederum ihr heimgegangener Vorsitzender, Simon Schiele, geleistet. Das zeigt ein Blick in die veröffentlichten Berichte der Commission.

Ein Bericht über die in Obigem kurz skizzirten Arbeiten der Lichtmess-Commission wird aber nicht umhin können, eingehend zu würdigen die Arbeiten, welche nebenher, theils auf directe Aufforderung der Commission oder des Vereins, theils angeregt durch das Vorgehen der Commission, von Prof. Rapp, Dr. F. Bothe, Prof. Rüdorff, S. Elster, Dr. N. H. Schilling, Dr. H. Krüss, Prof. L. Weber, v. Hefner-Alteneck, Dr. Liebenthal, Prof. Lummer, Dr. Brodhun u. A., vornehmlich aber von der Physikalisch-Technischen Reichsanstalt geleistet worden sind. So wird der von der Lichtmess-Commission beabsichtigte Bericht sich zugleich zu einer erschöpfenden Darlegung der Entwickelung der Lichtmesskunst in Deutschland gestalten und dadurch weit über die Kreise unseres Vereins hinaus Interesse finden.«

Dem in Obigem entwickelten Plan hat sich die Jahresversammlung zustimmig erwiesen und die Lichtmess-Commission mit der Zusammenstellung des Berichtes beauftragt. Diese hat wiederum mit der Herausgabe den Unterzeichneten betraut.

Hamburg, Mai 1897.

Dr. Hugo Krüss.

Inhalt.

I.

Historischer Bericht über die Arbeiten

der

Lichtmess-Commission.

I. Historischer Bericht über die Arbeiten der Lichtmess-Commission.

Am 21. und 22. Mai 1859 traten in Frankfurt a. M. 30 Techniker deutscher Gasanstalten zusammen und begründeten, getrieben durch das Bedürfniss nach einem einheitlichen Streben zur Vervollkommnung der Gasfabrikation sowohl in technischer. als in administrativer Beziehung den Verein deutscher Gas-Fachmänner und Bevoll-mächtigter deutscher Gasanstalten. In den dort angenommenen Satzungen dieses Vereins wurde als Hauptzweck desselben angeführt, Untersuchungen und Versuche ausführen zu lassen. Als Vorstand des neuen Vereins wurden die Herren E. Spreng (Nürnberg), L. A. Riedinger (Augsburg), S. Schiele (Crefeld) bestellt.[1]

Auf der zweiten, im Jahre 1860 in Nürnberg abgehaltenen Versammlung des Vereins erstattete Herr L. Scholl (Heidelberg) einen Commissionsbericht über Ermittelung eines allgemein gültigen Maassstabes zur Beurtheilung der Qualität des Gases.[2] Bei den vielfach angestellten Versuchen mit Normalkerzen wären, wie allgemein bekannt, sehr abweichende Resultate entstanden, die nicht allein ihren Grund in der Unvollkommenheit des Photometers hätten, sondern auch in der Art und Weise, wie diese Versuche angestellt worden seien, und in der Fabrikation der Kerzen selbst lägen. Die Commission hätte desshalb von dem Vorschlage einer Normalkerze voll-ständig abgesehen, da es darauf ankomme, ein Normallicht von grösster Gleich-mässigkeit herzustellen, das aber auch auf jeder Fabrik mit möglichster Leichtig-keit zu erzeugen sei.

Herr G. Blochmann-Dresden zeigte im Anschlusse hieran den »Gasprüfer« von Prof. Erdmann in Leipzig vor, bei welchem von dem Grundsatze ausgegangen wird, dass die Leuchtkraft eines Gases proportional dem bei seiner Verbrennung frei werdenden Kohlenstoffe ist. Die Menge des letzteren wird bestimmt durch die Menge atmosphärischer Luft, welche nöthig ist zu seiner vollständigen Verbrennung. In der dritten Versammlung im Jahre 1861 in Dresden berichtete Herr Blochmann über Versuche mit diesem Instrumente.[3]

Auf den Jahresversammlungen in den Jahren 1862 und 1863 beschäftigte man sich mit der Lichtmessung auf Grund von Berichten der Herren S. Elster[4] und

---

[1] Journal für Gasbeleuchtung Bd. 3 S. 111 (1860).
[2] Journ. f. Gasbel. Bd 3 S. 306 (1860).
[3] Journ. f. Gasbel. Bd. 4 S. 240 (1861).
[4] Journ. f. Gasbel. Bd. 5 S. 384 (1862).

Blochmann[1]), welche sich wesentlich mit den Beziehungen der einzelnen Bestandtheile des Leuchtgases zur Lichtentwickelung beschäftigten. Auch fanden sich im Journal für Gasbeleuchtung mehrfach Berichte über den Leuchtwerth der verschiedenen Brennmaterialien, welche durch die immer grösser werdende Anwendung des Petroleums ein actuelles Interesse darboten. Daran knüpften sich polemische Erörterungen über die veröffentlichten Versuchsergebnisse.

Auf Einladung des Herrn F. Sonntag, Pächters des Gaswerkes in Mainz, tagte dortselbst am 16. October 1865 eine von 44 Personen besuchte Versammlung zum Zwecke einer Besprechung über allgemeine feste Normen bei Ermittelung der Leuchtkraft des Gases.[2]) Die Theilnehmer der Versammlung bestanden aus städtischen Beleuchtungsinspectoren, Gelehrten und Gasfachmännern, welche die Zweckmässigkeit und Wichtigkeit der Feststellung und Empfehlung solcher Normen anerkannte und unter dem Vorsitz von Herrn Director Schiele zur Erreichung dieses Zieles folgende Beschlüsse fasste:

1. Die Versammlung ernennt eine Commission von neun Mitgliedern — Stadtbaumeister Kreissig (Mainz), Jac. Merkens (Cöln), Dr. Schirm (Wiesbaden), die Beleuchtungsinspectoren Boudin (Mainz) und Desaga (Heidelberg), den Chemiker Director Dr. Bothe (Saarbrücken), den Physiker Prof. Rapp (Freiburg i. Br.), die Gasfachmänner N. H. Schilling (München) und Simon Schiele (Frankfurt a. M.) — mit dem Rechte, sich nach Gutdünken zu verstärken.

   Diese Commission soll sich mit folgenden Fragen sofort und eiligst beschäftigen und ihre Beschlüsse gleich in dem Schilling'schen Journal für Gasbeleuchtung veröffentlichen:

   a) Bestimmung einer Fabrik von Stearinkerzen, welche sich verbindlich macht, reine Normalkerzen in einer genügenden Anzahl auf einmal und aus einem Gusse anzufertigen und an Gasanstalten und städtische Beleuchtungsinspectoren zu einem festen Preise abzugeben.

   b) Bestimmung eines Fabrikanten, welcher sich verpflichtet, Photometerpapiere nach Anleitung des Herrn Prof. Rapp in Freiburg i. Br. aus ein und demselben Papier in ausreichender Menge anzufertigen und von demselben den Beleuchtungsinspectoren und Gasanstalten zu einem bestimmten Preise auf Verlangen zu überlassen.

   Die Commission soll folgende Gegenstände in weitere Erwägung und Berathung ziehen und über die Ergebnisse ihrer Prüfungen in einer im nächsten Jahre durch sie zu diesem Zwecke öffentlich zu berufenden Versammlung berichten, welche womöglich gleichzeitig mit der nächstjährigen Versammlung des Vereins von Gasfachmännern Deutschlands soll anberaumt werden.

   c) Die zweckmässigste Beschaffenheit einer Normalkerze (Material, Docht, Länge, Gewicht).

   d) Die beste Einrichtung und Aufstellung eines photometrischen Apparates (Dr. Bothe's Apparat, Anstrich des Versuchszimmers und der Apparate, Länge und Eintheilung des Balkens, photometrisches Papier oder Glas, Spiegel, Beweglichkeit der Flamme, eine oder mehrere Kerzen, Beobachtungsweise).

---

[1]) Journal für Gasbeleuchtung Bd. 6 S. 213 (1863).
[2]) Journ. f. Gasbel. Bd. 8 S. 362 (1865).

    e) Die für die verschiedensten Leuchtgasarten bei photometrischen Versuchen geeignetsten Brennermündungen (Eisen, Porzellan, Speckstein, geschnittene oder gebohrte Brenner, Argander, Weite der Brennermündung, Druck bei der Verbrennung).

2. Die Versammlung ersucht die Commission, bei ihren Angaben das metrische Maass- und Gewichtssystem ausschliesslich in Anwendung zu bringen.

3. Die Versammlung wünscht, dass mit den unter 1 a) und b) vermerkten Kerzen und Papieren bis zur nächsten Versammlung (etwa Mai 1866 in Dortmund) möglichst viele Versuche unter Benützung der vorhandenen Photometer möchten angestellt und einem Mitgliede der Commission möchten mitgetheilt werden.

4. Die Versammlung spricht sich dahin aus, dass als Ort für die Anstellung von Lichtstärke-Versuchen in einer Stadt sich ein möglichst mitten in derselben gelegenes Lokal einzig und allein eigne, sowie dass die zweckentsprechendste Zeit für Anstellung vertragsmässiger Lichtmessung ausschliesslich diejenige ist, während welcher das Gas am raschesten durch die Röhren strömt, während welcher also möglichst alle Flammen, die eine Anstalt zu speisen hat, in Benützung sind.

5. Die Versammlung ist der Ansicht, dass die Gasanstalten berechtigt seien, den photometrischen Vergleichen des städtischen Controlleurs beizuwohnen, insbesondere soll, falls auf einen, von der städtischen Controllbehörde anzustellenden Versuch eine Beschwerde oder Klage möchte begründet werden, der Gasanstalt mindestens eine Stunde vor Anstellung dieses maassgebenden Versuches Anzeige davon gemacht werde, damit sie zu demselben einen Vertreter zu senden vermöge, und dieser seine Bemerkungen zu Protokoll geben könne.

6. Ueber die Vertheilung der Kosten, welche die Commission zur Lösung der ihr gestellten Aufgaben zu machen genöthigt sein wird, soll in nächstjähriger Versammlung Beschluss gefasst werden.

Diese Beschlüsse bilden das Ergebniss sehr eingehender Verhandlungen, in welchen die vollständige Unsicherheit der Lichtmessung in Folge der Verschiedenheiten der Kerzen zum kräftigen Ausdruck kam. Auch wurden verschiedene Photometerconstructionen vorgeführt und besprochen. Es waren zu den Versuchen zunächst an 36 Gasanstalten bezw. städtische Gascontrollbeamte Stearinkerzen aus der Beck'schen Fabrik in München gesandt worden, und sodann weitere Versuche mit Stearinkerzen aus der Millykerzenfabrik in München vorgenommen worden. Diese Versuche hatten nach Maassgabe der von S. Schiele ausgegebenen Beobachtungstabellen, welche mit einer Instruction zum einheitlichen Gebrauch der Kerzen versehen waren, namentlich die Herren: Prof. Rapp (Freiburg i/B.), Prof. Dr. Dietzel (Zittau), Director Dr. Brecht (Darmstadt), Generaldirector Oechelhaeuser (Dessau), Dr. Schilling (München), S. Elster (Berlin), Dir. Ranke (Iserlohn), Dir. Klein (Neuwied), Dr. Bothe (Saarbrücken), Dir. Schiele (Frankfurt), Dir. Schuckart (Oberursel), Ing. Grahn (Essen) und Dir. Thomas (Zittau) angestellt.

Am 22. Mai 1867 fand zu Dortmund die zweite Versammlung statt[1]), welche unter dem Vorsitz von S. Schiele den Bericht der Commission entgegennahm. Zu

---

[1]) Journ. f. Gasbel. Bd. 10 S. 237 (1867).

demselben hatte S. Elster in Berlin, der zur Mitarbeit herangezogen worden war, eingehende Mittheilungen eingereicht.

Die Kerzenfrage wurde, da man sich über das zu verwendende Material noch nicht einigen konnte, an die Commission zurückverwiesen. Als Photometerpapiere wurden solche mit horizontalen Strichen angenommen, die Länge des Photometers mit 100 Zoll oder 250 cm festgestellt und eine Einrichtung des Photometers gutgeheissen, bei welcher die Lichtquelle sowohl feststehend als auch beweglich benützt werden kann. Sodann wurde beschlossen, Versuche in Photometerkammern mit verschiedenem Anstrich der Wände anzustellen. Auch die Brennerfrage wurde eingehend erörtert. Endlich beschloss man, dass die Commission geeignete Fachmänner, erforderlichen Falls gegen Vergütung, heranziehen könne, und zur Bestreitung der Kosten der Commission sämmtliche Gasanstalten heranzuziehen.

Auf der achten Hauptversammlung deutscher Gasfachmänner in Stuttgart am 20. Mai 1868 berichtete Herr S. Schiele[1]) über die bisherigen Arbeiten der freiwillig zusammengetretenen Männer des Gasfaches, von Gemeindevertretern, Beleuchtungsinspectoren und Gelehrten. Leider sei nur eine kleine Zahl von Ergebnissen der allerdings mühsamen und zeitraubenden Einzelarbeiten über Normal-Probe-Kerzen, deren Material und dessen Verbrauch in der Stunde, deren Docht, ihr Verhalten beim Brennen, die entstandene Flammenhöhe, der Vergleich derselben mit der ortsüblichen Lichtquelle, über Grösse und Farbe des Versuchszimmers, Art des Photometers und des zugehörigen Transparentpapieres und über die Länge der Photometerbank eingelaufen.

Zu der zweiten Berathung in Dortmund im Jahre 1867 seien von den 45 Theilnehmern der ersten Versammlung (1865) nur 4 erschienen, wogegen die etwa 60 Köpfe zählende Versammlung fast ganz aus Gasfachmännern bestand. Von 41 eingeladenen deutschen Städten hatten nur 3 Vertreter gesandt. Das bei den bisherigen Arbeiten erwachsene Deficit sei noch nicht gedeckt.

Es sei also ein verschwindend geringes Interesse der Städtevertretungen an den Arbeiten festzustellen, so dass man nicht hoffen dürfe, von dorther Gelder für die beträchtlichen Ausgaben an Apparaten, Kammern, Reisespesen, Zuziehung von Unparteiischen zu erlangen. Den Einzelnen, welche ohnedem für die Sache grosse Opfer an Zeit einsetzten, könne aber die Deckung der Schuld auch nicht zugemuthet werden.

Dagegen hätten sämmtliche Gasfachmänner ein sehr reges und hohes Interesse an der ihnen so naheliegenden Frage der Lichtmessung bethätigt; der Verein von Gasfachmännern sei auch in der Lage, die nöthigen Geldmittel zu beschaffen. Deshalb beantrage er, dass die Arbeiten der seitherigen Commission und damit die Behandlung der ganzen Frage nebst allen Acten, kleinem Inventar und Schuldbetrag von dem Verein von Gasfachmännern Deutschlands übernommen werde.

Dieser Antrag wurde einstimmig angenommen und als Mitglieder der Vereins-Commission, der die Arbeiten zur Fortführung für Rechnung des Vereins übergeben werden sollen, wurden erwählt die Herren S. Schiele, S. Elster und Grahn.

Damit war die Lichtmesscommission des Vereins begründet.

Nachdem der Verein so die Frage der Lichteinheit selbst in die Hand genommen, versuchte er auf der nächstjährigen 9. Hauptversammlung in Coburg (1869),

---

[1]) Journ. f. Gasbel. Bd. 11 S. 296 (1868).

dieselbe zu einem gewissen Abschluss zu bringen.[1]) Die Lichtmesscommission hatte Paraffinkerzen aus drei verschiedenen Quellen bezogen, ferner Spermacetikerzen aus England und Amerika, Stearinkerzen und Wachskerzen. Die letzteren hatten sich für photometrische Messungen als unbrauchbar erwiesen, da, wenn sie nicht geputzt werden, der Docht in der Flamme verglimmt und keine normale Verbrennung stattfindet. Dagegen ergaben die Paraffinkerzen die längste Periode normaler Verbrennung, dieselben seien deshalb als deutsche Normalkerzen in erster Reihe zu empfehlen.

Es wurden hierauf von der Versammlung folgende Anträge angenommen:

1. Es wird die Paraffinkerze 6 auf 1 Zollpfund, welche in ihrer Leuchtkraft der Normal-Spermacetikerze gleichkommt, als deutsche Normalkerze angenommen.

2. Es wird der Lichtmessung-Commission aufgegeben, sich mit der Beschaffung solcher Kerzen zu beschäftigen. Sobald diese Aufgabe gelöst ist, werden die Mitglieder des Vereins bei dem Verkehr unter einander und bei ihren Veröffentlichungen nur diese Kerzen zu Grunde legen.

3. Der Vorstand des Vereins lässt durch drei vorher zu bestimmende Sachverständige, die unabhängig von einander arbeiten, das Verhältniss der Leuchtkraft zwischen den Messkerzen der einzelnen Städte und der deutschen Normalkerze auf deren Verlangen und Kosten feststellen. Aus den Resultaten der Sachverständigen wird das arithmetische Mittel genommen und dieser Mittelwerth als maassgebend betrachtet. Auch das Verhältniss zur Pariser Carcellampe wird durch Sachverständige, aber gemeinschaftlich ermittelt.

4. Die Resultate der von den Sachverständigen ausgeführten vergleichenden Messungen werden durch den Vorstand des Vereins durch das Vereinsorgan sofort veröffentlicht.

Die im Schoosse des Vereins der Gasfachmänner Deutschlands gepflogenen Verhandlungen über Feststellung eines einheitlichen Verfahrens bei Untersuchung des Leuchtgases wurden die Veranlassung, dass Prof. Dr. F. Rüdorff Versuche, welche er schon mehrere Jahre vorher zu eigener Orientirung angestellt hatte, wieder aufnahm und weiter führte.[2]) Die mitgetheilten Ergebnisse bezogen sich zunächst auf die Feststellung, dass im Falle gleich starker Beleuchtung des mit Fettfleck versehenen Bunsen'schen Photometerschirmes, der Fettfleck nicht verschwindet, sondern auf beiden Seiten gleich dunkel auf hellem Grunde erscheint, dass dagegen das geometrische Mittel aus denjenigen beiden Einstellungen, in denen der Fettfleck entweder rechts oder links verschwindet, dasselbe Resultat ergiebt wie die Einstellung auf gleiche Helligkeit.

Sodann untersuchte er verschiedene Schirme von Elster, Rapp und selbstgefertigte und stellte fest, dass die Einstellung am empfindlichsten ist, wenn die Transparenz des Fettflecks keine allzu grosse ist. Er verwarf die gestreiften Schirme und hielt einen Schirm mit centralem Fettfleck für den besten.

Diese Versuchsergebnisse fanden den lebhaftesten Widerspruch des Mitgliedes der Lichtmesscommission S. Elster[3]), welcher für den gestreiften Schirm, noch mehr aber für das von ihm construirte Photometer Foucault'scher Art eintrat.

---

[1]) Journal für Gasbeleuchtung Bd 12 S. 363 (1869).
[2]) Journ. f. Gasbel. Bd. 12 S. 283 (1869).
[3]) Journ. f. Gasbel. Bd. 12 S. 416 (1869).

In einem zweiten Artikel[1]) veröffentlicht Rüdorff Untersuchungen über Flammen-höhen und Constanz der Helligkeit der verschiedenen Kerzen, aus denen hervorging, dass eine frei brennende Kerze keine constante Einheit für photometrische Messungen ist, dass dagegen bei durch Putzen des Dochtes herbeigeführter constanter Flammen-höhe bei den Wallrath- und Stearinkerzen nur Schwankungen in der Helligkeit von etwa 2% vorkommen, während sie bei den Paraffinkerzen bis 7% steigen.

Die Lichtmess-Commission hatte sich inzwischen durch ein Schreiben ihres Vor-sitzenden S. Schiele[2]) an den Verein für Mineralöl-Industrie gewandt mit der Bitte um Unterstützung in der Gewinnung einer Normal-Paraffinkerze. Die in diesem Schreiben enthaltenen Fragen über die Möglichkeit, solche Kerzen mit stets con-stanten Eigenschaften herzustellen, über Preis und praktische Länge wurde von jenem Verein einer Commission übergeben, welche in der VI. Versammlung des Vereins für Mineral-Industrie am 7. October 1869 darüber Bericht erstattete. Nach demselben war die Commission der Meinung[3]), dass Paraffin gleichen Schmelzpunktes, aus verschiedenen Theeren dargestellt, bei gleicher Reinheit genügende Ueberein-stimmung ihrer Eigenschaften für die Anfertigung von Normalkerzen zeigen, sobald die Paraffine aus einer Crystallisation genommen, also nicht mit Nachproducten gemischt waren.

Dagegen kann der Docht selbst in einem Paket nur soweit gleichmässig gefunden werden, als es die gewöhnliche Kerzenfabrikation erfordert und dieses ist nicht ge-nügend für die Herstellung eines grösseren Quantums Kerzen, von denen keine ein-zige von den übrigen abweichen soll.

Bei dem starken Dochte der Wallrathkerzen stören geringe Fehler viel weniger als es bei dem schwachen Dochte der Paraffinkerze der Fall ist; die geringste, kaum sichtbare Abweichung des letzteren bringt merkliche Differenzen in der Lichtstärke hervor.

Die Commission empfiehlt Kerzen, von denen 6 Stück 1 Pfund wiegen, will aber die Garantie für die Güte der Kerzen und die Festsetzung des Preises dem-jenigen Fabrikanten überlassen, welcher die Lieferung der Normalkerzen übernehmen würde.

In Folge dessen wandte sich die Lichtmess-Commission[4]) an den Fabrikanten Dr. Hübner zu Rehmsdorf bei Zeitz und erhielt zunächst Viererparaffinkerzen von demselben und sodann etwa 40 Stück Sechserkerzen, die indessen noch nicht allen Anforderungen genügten, welche an eine Normalkerze zu stellen sind. Diese Kerzen wurden zu Versuchen an die Mitglieder der Lichtmess-Commission, zu welchen inzwischen die Herren Kümmel-Hildesheim und Thomas-Zittau hinzugetreten waren, an die Vorstandsmitglieder und an einige andere Herren: Prof. Rapp, Dir. Bothe, Prof. Rüdorff, Prof. Dr. Marx (Stuttgart), Gascontroleur Boudin (Mainz), Dr. Schil-ling (München), Generaldirector Oechelhäuser vertheilt. Das Urtheil der verschie-denen Sachverständigen lautete sehr verschieden, jedoch einigte sich die Commission dahin, es bei der Sechserparaffinkerze zu belassen, dagegen blieb die Feststellung der passendsten Flammenhöhe noch unerledigt, nur war man sich darüber einig, dass eine solche von 44—46 mm wie bei der englischen Wallrathkerze nicht angenommen werden darf.

---

[1]) **Journal für Gasbeleuchtung** Bd. 12 S. 567 (1869).
[2]) **Journ. f. Gasbel.** Bd. 12 S. 521 (1869).
[3]) **Journ. f. Gasbel.** Bd. 12 S. 704 (1869).
[4]) **Journ. f. Gasbel.** Bd. 13 S. 536 (1870)

Auf der X. Hauptversammlung des Vereins im Jahre 1870 in Hamburg[1]) erhob sich von verschiedenen Seiten Widerspruch gegen die Paraffinkerze; es wurde aber trotzdem beschlossen, eine Kerzen-Commission einzusetzen, welche die Herstellung der Kerzen zu überwachen hätte, sowie als Normen für die zu beschaffenden Normalkerzen folgende Bestimmungen getroffen:

a) Das Material soll möglichst reines Paraffin sein, von nicht unter 55 ⁰ C. liegendem Erstarrungspunkte.

b) Die Kerze soll einen Durchmesser von 20 mm erhalten, genau cylindrisch und so lang sein, dass 6 Kerzen ein Zollpfund (500 g) wiegen.

c) Die Dochte sind in möglichst vollkommener Gleichförmigkeit herzustellen; sie sollen ein bestimmtes, durch Versuche noch zu ermittelndes Gewicht per laufenden Meter besitzen und durch einen eingelegten gefärbten Faden von anderen Dochten ausgezeichnet werden.

Auf der XI. Hauptversammlung in Wien im Jahre 1871 legte die inzwischen noch durch E. Rudolph verstärkte Lichtmess-Commission mit einigen Packeten der als am besten erwiesenen Paraffinkerzen einen ausführlichen Bericht über die seit dem Jahre 1867 mit Kerzen unternommenen Versuche vor.[2]) Die Versammlung beschloss, die Angelegenheit bis zur nächsten Versammlung auszusetzen, da es unmöglich sei, sich sofort über die umfangreichen Versuche ein Urtheil zu bilden. Die Resultate dieser, sich über Stearin-, Wachs- und Paraffinkerzen erstreckenden Versuche waren zum Theil schon in früheren Versammlungen mitgetheilt worden, während hier nun das ganze Versuchsmaterial vorgelegt wurde, an welchem ausser den Commissionsmitgliedern die Herren: Generaldirector Oechelhäuser-Dessau, Director Dr. Schilling-München, Director Dr. Bothe-Saarbrücken, Prof. Dietzel-Zittau, Prof. Rapp-Freiburg und Prof. Rüdorff-Berlin mitgearbeitet hatten. Es werden in dem Bericht in ausführlichster Weise die Einzelbeobachtungen der Mitarbeiter gegeben, wie auch deren begründete Urtheile über die einzelnen Kerzenarten. Es sind jedenfalls in den vorhergehenden Jahren mit ausserordentlichem Fleisse Beobachtungen über die zum Photometriren empfohlenen Kerzen gemacht worden. Hier sei aus der ganzen Veröffentlichung nur die auf der letzten Seite gegebene Zusammenstellung der Endresultate angeführt.

Materialverbrauch in einer Stunde:	Münchener Stearinkerzen	4er Paraffinkerzen	8er Paraffinkerzen (24 fädig)
Durchschnitt sämmtlicher Beobachtungen	10,92 g	7,277 g	7,708 g
Grösste Abweichung der Einzeldurchschnitte . .	+ 1,28 »	+ 0,283 »	+ 0,192 »
	− 0,79 »	− 0,327 »	− 0,242 »
Grösste Abweichung der Einzelbeobachtungen . .	+ 3,08 »	− 0,793 »	+ 0,592 »
	− 1,07 »	− 0,877 »	− 0,648 »
Flammenhöhe:			
Durchschnitt sämmtlicher Beobachtungen	60,8 mm	—	51,2 mm
Grösste Abweichung der Einzeldurchschnitte . .	+ 6,6 »	—	+ 3,8 »
	− 8,0 »	—	− 2,7 »
Grösste Abweichung der Einzelbeobachtungen . .	+ 7,2 »	—	+ 9,8 »
	− 12,8 »	—	− 8,2 »

---

[1]) Journ. f. Gasbel. Bd. 13 S. 380 (1870).

[2]) Journ. f. Gasbel. Bd. 14 S. 526 (1871).

Als wesentliehstes Ergebniss dieser Versuche ist die Ueberlegenheit der seitens der Commission als Normalkerze vorgeschlagenen 6er Paraffinkerze mit 24fädigem Dochte über die anderen, zur Prüfung herangezogenen Paraffinkerzen, über die Münchener Stearinkerze und namentlich über die Wachskerze hervorzuheben.

Auf Grund dieses Berichtes wurde in der XII. Hauptversammlung in Würzburg im Jahre 1872 verhandelt.[1] Zunächst erhob sich einiger Widerspruch dagegen, die Paraffinkerze als Normalkerze anzunehmen, indem hervorgehoben wurde, dass die Kerzenfabrikation noch nicht auf derjenigen Stufe stehe, dass von einer bestimmten Kerze behauptet werden könne, sie besitze alle für eine Normalkerze erforderlichen Eigenschaften. Man einigte sich dahin, die Paraffinkerze nicht als Normalkerze, sondern als Photometerkerze zu bezeichnen.

Es wurden dann folgende Grundsätze im Wesentlichen in der von der Lichtmess-Commission vorgeschlagenen Form angenommen:

A. Die Photometerkerzen betreffend.

I. Als Photometerkerze für den Verkehr im Verein wird die der Versammlung in Wien und Würzburg vorgelegte Paraffinkerze, 6 auf ein Zollpfund, angenommen.

II. Die Photometerkerze soll:
    a) einen Durchmesser von 20 mm erhalten, genau cylindrisch und so lang sein, dass 6 Kerzen 1 Zollpfund = 500 g wiegen.
    b) Die Dochte sollen in möglichster Gleichförmigkeit aus 24 baumwollenen Fäden geflochten sein und im trockenen Zustande pro laufenden Meter ein Gewicht von 0,668 g haben; sie sind durch einen eingelegten rothen Faden von anderen Dochten abzuzeichnen.
    c) Das Kerzenmaterial soll möglichst reines Paraffin sein von einem nicht unter 55° C. liegenden Erstarrungspunkt.

III. Die Photometerkerzen werden vom Vereinsvorstande bezogen und von diesem an die Mitglieder, Gasanstalten und Stadtbehörden zum Selbstkostenpreis abgegeben.

IV. Zur Controle der Fabrikation, der Güte und Gleichförmigkeit des Materials, der Dochte u. s. w. wird
    a) eine Kerzencommission erwählt, welche alles Erforderliche wahrzunehmen hat- um die möglichst grosse, überhaupt erreichbare Gleichmässigkeit der Normalkerze zu erzielen.
    b) Diese Commission soll aus drei Mitgliedern bestehen, welche nicht zu weit von einander entfernt wohnen.
    c) Sie hat die Dochte vor der Verwendung zur Kerzenfabrikation in Bezug auf ihre Gleichförmigkeit und das richtige Gewicht zu prüfen.
    d) Von jeder Kerzenlieferung ist durch die Commission eine Anzahl Kerzen herauszunehmen und auf die Vorschriften zu untersuchen, ehe von der Sendung etwas zum Verkaufe gelangen darf.
    e) Von jeder Kerzenlieferung sind etwa 10 Stück in Verwahrung zu behalten, um mit denselben die nachfolgenden Sendungen vergleichen zu können.

B. Das Photometriren betreffend.

1. Das Bunsen-Photometer ist das den heutigen Verhältnissen angemessenste; zulässig ist auch das mit dem Foucault'schen Schirm, einem vorgeschriebenen

---

[1] Journ. f. Gasbel. Bd. 15 S. 377 (1872).

Brenner bei feststehender Flamme versehene Elster'sche Differential-Photometer. Es gestattet dies die gleichzeitige Beobachtung durch mehrere Personen.

2. Die Stablänge sei beim Bunsen'schen Photometer 2 bis 3 m.

3. Möglichste Ruhe der Flammen ist nothwendig und sollen desshalb beide Flammen feststehen.

4. Photometerpapier sei schwach geleimtes, nicht glänzendes Büttenpapier, welches mit Wallrathlösung theilweise durchscheinend gemacht ist. Dasselbe werde thunlichst oft gewechselt. Der Grad der Transparenz der Papiere muss sich nach dem Auge des Beobachters richten.

5. Die directe Beobachtung ohne Spiegel empfiehlt sich in erster Reihe; die Beobachtung mit Spiegeln ist darum nicht ausgeschlossen.

6. Für directe Beobachtungen eignet sich der runde Fleck, für Spiegelbeobachtungen ist die horizontale Streifung vorzuziehen.

7. Für die Beobachtung ist die Einhaltung einer bestimmten, für die Normalkerze geeigneten Flammenhöhe von 50 mm unbedingt nothwendig.

Das Putzen (Schneuzen) des Kerzendochtes, um diese Flammenhöhe zu erreichen, ist unstatthaft, und darf die Lichtmessung nur dann vorgenommen werden, wenn die ruhig brennende Flamme die Höhe von 50 mm erreicht hat.

8. Als Grundlage für die photometrischen Messungen soll die Photometerkerze dienen, und bei längeren Versuchen soll ein darnach eingestellter Einlochbrenner als Einheit benutzt werden können.

9. Die zu prüfende Gasart soll bei den photometrischen Versuchen durch denjenigen Brenner verbrannt werden, welcher für diese Gasart das Maximum der Leuchtkraft gibt.

10. Da zur Zeit das Gesetz des Verhältnisses zwischen Verbrauch und Leuchtkraft noch nicht genügend ermittelt ist, so sollen bei den Versuchen mit Steinkohlengas bis auf Weiteres 150 l per Stunde zur Verwendung kommen.

11. Alle übrigen, bei den Lichtversuchen zu verwendenden Messungsapparate, als Gasmesser, Druckanzeiger, Regulatoren u. s. w., sind in ihrer Wahl dem Versuchenden zu überlassen, nur muss jedenfalls die Richtigkeit des Gasmessers, als welcher ein nasser zumeist sich empfiehlt, zuvor festgestellt sein.

12. Bei den Aufzeichnungen über die Ergebnisse der photometrischen Versuche ist die Angabe der Druckhöhe vor dem Gasmesser, nach demselben und 50 mm vor der Brennermündung genau anzugeben.

13. Als geeignetste Temperatur des Raumes, in welchem Lichtversuche angestellt werden, wird 14° R. angenommen.

14. Die Farbe des Photometerzimmers muss matt und darf weder reflectirend noch hell sein. Bei helleren Farbentönen ist es nothwendig, dass die zu vergleichenden Flammen etwa 1 m von den Wänden abstehen.

Diese 1872 in Würzburg angenommenen Grundsätze haben mehrere Jahrzehnte hindurch in ihren wesentlichen Bestandtheilen als Norm in der Gasphotometrie gedient, wenn auch nicht überall in Deutschland, so doch in ziemlich bedeutender Verbreitung.

In die neu einzusetzende Kerzencommission wurden die Herren Thomas, Ziegler und Buhe gewählt; für den letzteren trat bald Rudolph, der als Ersatzmann gewählt worden war, ein.

In dem Berichte auf der XIII. Hauptversammlung in Teplitz im Jahre 1873 wird hervorgehoben[1]), dass bereits erhebliche Fortschritte in der Kerzenfabrikation gemacht und 600 Pfund Kerzen bestellt seien. Auch nach Photometerpapier zeigte sich Nachfrage; dasselbe wurde von Prof. Dr. Rapp in Freiburg bezogen.

Im Jahre 1874 musste auf der Hauptversammlung in Cassel die Kerzencommission zugeben[2]), dass die Kerzen wohl schon günstige Resultate ergaben, aber doch noch nicht den strengen Anforderungen genügten, welche an sie gestellt werden müssten, so dass man sie bis jetzt noch nicht als Normalkerzen herausgeben konnte.

In Folge dieser Erklärung wurde einerseits beantragt, offen zu sagen, dass es zur Zeit keine deutsche Normalkerze gäbe, andererseits gewünscht, dass man die englische Wallrathkerze als Normalkerze annehmen möge. Die beiden dahingehenden Anträge fanden aber nicht den Beifall der Versammlung; man war vielmehr der Meinung, dass man, obgleich man das Vollkommene noch nicht erreicht habe, deswegen doch das Erreichte jetzt nicht verläugnen solle; die gegenwärtige Kerze sei bereits sehr brauchbar und nicht schlechter als die englische Spermacetikerze.

Auf Antrag des Herrn Schiele wurde dann noch der für den Gebrauch der Photometerkerzen wesentliche Beschluss gefasst, das Schneuzen der Kerzen zuzulassen, und damit die unter B 7) in Würzburg gemachte Vorschrift, welche das Schneuzen verbot, aufgehoben.

In den Jahren 1875—1879 beschränkte sich die Thätigkeit der Kerzencommission auf die Beschaffung und die gewissenhafte Controle der Fabrikation der Vereinskerzen, deren Anwendung nach den Jahresberichten und Abrechnungen sich inzwischen immer weiter verbreitet hatte. Auf der XII. Jahresversammlung im Jahre 1879 in Bremen berichtete Herr Thomas[3]) über die Herstellung der Kerzen und die sich dabei ergebenden Schwierigkeiten, welche hauptsächlich in Gewinnung gleichmässiger Dochte bestanden, dann aber auch in der Innehaltung des vorgeschriebenen Schmelzpunktes von 55^0; durch Zusatz ganz geringer Mengen von Stearin ($1—1^1/_2$ %) wurde dieser Schmelzpunkt erreicht.

In Folge eines Vortrages des Herrn Salzenberg[4]) auf derselben Versammlung über die Verwendung des Leuchtgases als Normallicht, worüber jüngst Versuche von Methven, 1869 aber schon von Rüdorff angestellt worden seien, beschloss die Versammlung:

> »Es sei die Commission für die deutsche Photometerkerze zu ersuchen: in Erwägung zu ziehen, inwieweit die Verwendung des Leuchtgases als Normallicht für die practische Photometrie von Bedeutung sei, eventuell die Angaben von Methven einer experimentellen Prüfung zu unterziehen und der nächsten Jahresversammlung darüber zu berichten. Der Commission bleibt es überlassen, sich durch Cooptation zu verstärken.«

Die Commission entledigte sich des ihr zu Theil gewordenen Auftrages durch einen auf der nächsten Hauptversammlung in Heidelberg durch S. Schiele[5]) erstatteten Bericht auf Grund von Versuchen, welche er im Verein mit mehreren Collegen sowohl mit Steinkohlengas als mit schwerem Gas aus bestem schottischen Schiefer

---

[1]) Journ. f. Gasbel. Bd. 16 S. 277 (1873).   [2]) Journ. f. Gasbel. Bd. 17 S. 417 (1874).
[3]) Journ. f. Gasbel. Bd. 22 S. 561 (1879).   [4]) Journ. f. Gasbel. Bd. 22 S. 689 (1879).
[5]) Journ. f. Gasbel. Bd. 23 S. 465 (1880).

angestellt hatte. Es ergab sich aus diesen Versuchen, in Uebereinstimmung mit Versuchen, welche Rüdorff[1]) gemacht hatte, dass es unzweckmässig und unzulässig sei, das Methven'sche Verfahren einzuführen und die Normalkerze zu verlassen, welche zur Zeit in sehr vollkommener Weise hergestellt werde.

Der Verkauf der Photometerkerzen, welcher in den vorhergegangenen drei Jahren zwischen 200 und 300 M. erbrachte, hatte im Berichtsjahre 530 M. eingebracht; er hatte demgemäss eine bedeutende Ausdehnung gewonnen.

Die Direction der Deutschen Continentalgasgesellschaft in Dessau[2]) hatte von dem Vereinsvorstand in einem Schreiben gewünscht, es möge auf der Jahresversammlung eine bündige Erklärung darüber abgegeben werden, dass die Kerze vollständig hergestellt und in die Praxis eingeführt sei, da sie sich, so lange die Versuche mit der Normalkerze noch nicht abgeschlossen seien, nicht entschliessen könne, in den Verträgen mit den von ihr beleuchteten Städten die Wachskerze durch die deutsche Normalkerze zu ersetzen.

Hierauf erklärte die Kerzen-Commission, dass die Kerze jetzt thatsächlich eingeführt sei, hauptsächlich, nachdem 1874 beschlossen worden sei, durch Putzen der Kerze die richtige Flammenhöhe von 50 mm herzustellen. Die Fabrikation sei in Bezug auf die Dochte und das Paraffin jetzt so gesichert, dass die Kerze als Normalkerze bezeichnet werden könne.

Im Jahre 1881 wird nur berichtet, dass an 53 Interessenten zusammen 128 kg Vereins-Paraffinkerzen abgegeben worden seien.[3])

Auf der XXII. Jahresversammlung des Vereins im Jahre 1882 in Hannover[4]), auf welcher der auch auf anderen Gebieten der Vereinsthätigkeit äusserst rührige Vorsitzende des Vereins und der Lichtmesscommission Simon Schiele zum Ehrenvorsitzenden des Vereins gewählt wurde, berichtete Herr Thomas über den Fortgang der Vereinskerzenfabrikation und die dauernde grosse Sorgfalt, welche namentlich dem Aussuchen der Dochte zugewendet werden müsse, wenn man gleichmässig brennende Kerzen erzielen wolle. Er wandte sich gegen Anklagen, die Prof. Rüdorff[5]) erhoben hatte, indem er die Paraffinkerzen als die ungeeignetsten zu photometrischen Zwecken bezeichnet hatte. Herr Thomas wies nach, dass Prof. Rüdorff gegenüber einer grossen Anzahl englischer Kerzen nur zwei Vereinskerzen geprüft habe. Er beantragte, die Fabrikation der Paraffinkerzen fortzusetzen, zumal da sie immer mehr Anklang bei Behörden und Gasproducenten gefunden hätten, daneben aber Versuche mit anderen Kerzen wieder aufzunehmen und zu diesen Versuchen andere Beobachter, auch Gegner der jetzigen Kerzen herbeizuziehen, um in unparteiischer Weise ein Urtheil abzugeben. Dieser Antrag wurde angenommen, obgleich von einer Seite beantragt wurde, die Paraffinkerzen aufzugeben, da sie doch noch nicht als Normalkerzen, sondern nur als Vereinskerzen bezeichnet werden könnten, so dass man nicht in der Lage sei, ihre Leuchtkraft lang dauernden Verträgen mit den Behörden zu Grunde zu legen. Diese Anschauung fand aus den Kreisen der Mitarbeiter an der Kerzenangelegenheit lebhaftesten Widerspruch, selbst Herr S. Elster, der im Allgemeinen für die englischen Wallrathkerzen einzutreten geneigt war, stellte die Vereins-Paraffinkerze als der Wallrathkerze mindestens gleichwerthig hin.

---

[1]) Journ. f. Gasbel. Bd. 23 S. 217 (1880). [2]) Journ. f. Gasbel. Bd. 23 S. 366 (1880). [3]) Journ. f. Gasbel. Bd. 24 S. 461 (1881). [4]) Journ. f. Gasbel. Bd. 25 S. 695 (1882). [5]) Journ. f. Gasbel. Bd. 25 S. 147 (1882).

Dem vorstehenden Beschluss entsprechend wurde seitens der Lichtmess-Commission Dr. H. Krüss zur Vornahme vergleichender Versuche mit den verschiedenen Kerzen aufgefordert. Ueber das Ergebniss derselben lieferte er einen ausführlichen Bericht.[1] Diese Untersuchungen bezogen sich zunächst auf die Schwankungen der Flammenhöhen bei ungeputzten Kerzen, wobei für

Stearinkerzen . . . . . 70 %
Paraffinkerzen . . . . 30 »
Walrathkerzen . . . . 17 »

gefunden wurde, sodann auf die mittleren Schwankungen in der Helligkeit, die sich für

Stearinkerzen . . . zu 5,4 %
Paraffinkerzen . . » 7,7 »
Walrathkerzen . . » 3,0 »

bei der für jede Kerzenart vorgeschriebenen Flammenhöhe ergaben.

Für das Verhältniss der Helligkeiten bei denselben Flammenhöhen fand Krüss

Stearinkerzen 100,0
Paraffinkerzen 97,6
Walrathkerzen 85,8

und als Schmelzpunkt des Kerzenmaterials für

Stearinkerzen . . . 54,00° C.
Paraffinkerzen . . . 53,75° »
Walrathkerzen . . . 43,7° »

Zur Bestimmung der Flammenhöhe benützte Krüss das von ihm zu diesem Zwecke construirte optische Flammenmaass[2], durch welches die Flamme beobachtet werden kann, ohne wie sonst mit den zirkelförmigen Flammenmesser das Brennen der Flamme zu stören.

Die Kerzen-Commission hatte laut dem auf der XXIII. Jahres-Versammlung in Berlin im Jahre 1883[3] während des Berichtsjahres 142½ kg Kerzen abgegeben; sie hatte in ihrer Sitzung in Leipzig am 28. März d. Js. die bisherigen Mitglieder der Lichtmess-Commission S. Elster (Berlin), Grahn (Essen) und Kümmel (Altona), sowie Dr. Bunte (München) cooptirt.

In der gleichen Jahresversammlung berichtete der Vorsitzende über ein von dem Präsidenten der französischen Société technique de l'Industrie du Gaz, Herrn Marché, an den Vorstand gerichtetes Schreiben, in welchem um Unterstützung des Vereins für die Anstrebungen zur Erzielung einer Verständigung über eine internationale Lichteinheit für photometrische Messungen ersucht wird. Der Vorstand stellte in Folge dessen den Antrag:

»Der Verein beschliesst, der Aufforderung des französischen Fachvereines betr. die Erzielung einer internationalen Lichteinheit in gemeinschaftlicher Arbeit mit dem englischen Fachverein Folge zu geben und beauftragt den Vorstand, die weiter nöthigen Schritte in dieser Sache zu thun«,

welcher von der Versammlung genehmigt wurde.

---

[1] Journal für Gasbeleuchtung Bd. 26 S. 511 (1883).
[2] Journ. f. Gasbel. Bd. 26 S. 717 (1883).
[3] Journ. f. Gasbel. Bd. 26 S. 400 (1883).

Die Bestrebungen zur Herbeiführung einer internationalen Lichteinheit waren durch den Elektriker-Congress im Jahre 1881 in Paris in Fluss gekommen. Da man sich aber einerseits dort für die von Violle vorgeschlagene Platinlichteinheit entschieden hatte, während andererseits die französischen Gastechniker von ihrer Carcellampe nicht abzugehen gesonnen waren, so führte obiger Beschluss nicht zu irgend welchen praktischen Folgen.

Auf der XXIV. Jahresversammlung des Vereins im Jahre 1884 in Wiesbaden lieferte der derzeitige Vorsitzende der Kerzen-Commission Herr Director Thomas (Zittau) einen ausführlichen historischen Bericht über die bisherigen Arbeiten der Lichtmess- und Kerzen-Commission [1] und theilte sodann mit, dass die Commission seit dem Herbst 1883 jedem zu versendenden Packete der deutschen Vereins-Paraffinkerzen folgende Instruction beilege:

Die für den Verein unter Aufsicht einer besonderen Commission angefertigten Paraffinkerzen werden von dem Geschäftsführer zum Selbstkostenpreis ausgegeben. Es haben 10 Stück Kerzen ein Gewicht von 500 g (10 auf 1 Zollpfund). Jede Kerze hat genau cylindrische Form und einen Durchmesser von 20 mm. Sie ist aus möglichst reinem Paraffin (unter Zusatz von 2 % Stearin) mit einem Erstarrungspunkte von 55° C. angefertigt. Die Dochte der Kerze sind in thunlichster Gleichförmigkeit von 24 baumwollenen Fäden geflochten und hat 1 laufender Meter der Dochte im trockenen Zustande ein Gewicht von 0,668 g. Ein rother Faden im Dochte zeichnet die Vereinskerze von anderen Kerzen ab.

Die Kerzenflamme soll während der Lichtversuche eine Höhe von 50 mm haben, gemessen vom Ursprung der Flamme am Dochte bis zu deren Spitze. Um diese Höhe zu erreichen, lässt man die angezündete Kerze ruhig brennen, bis ein gleichmässig mit flüssigem Paraffin angenetzter Teller sich gebildet hat. Durch vorsichtiges Putzen (Schneuzen) des Kerzendochtes bringt man, wenn nöthig, die Flamme auf die 50 mm Höhe und erhält sie in gleicher Weise auf derselben.

Der Verbrauch der Kerze an Paraffin beträgt in diesem Zustande etwa 7,7 g pro Stunde.

Die geeignetste Temperatur des Raumes, in welchem Lichtversuche angestellt werden, wird zu 14° R. (= 17,5° C.) genommen.

Nach den langjährigen Erfahrungen der Kerzenfabrikanten und der Commissions-mitglieder hätten die wiederholten Versuche mit verschiedenen Kerzen nicht zu besseren Resultaten geführt wie mit den Paraffinkerzen aus der Rehmsdorfer Fabrik, so dass, bis nicht eine bedeutend bessere Lichteinheit gefunden sei, an der Vereins-paraffinkerze als einer deutschen Einheit beim Photometriren festzuhalten sei.

Dagegen glaubte die Commission, dass es besser sein dürfe, künftig neu anzu-fertigende Paraffinkerzen in Längen von nur 15 cm im cylindrischen Theile und im Gewichte von ca. 50 g incl. Kopf, also 10 Stück auf ½ kg herstellen zu lassen. Es sollte damit erreicht werden, dass der Docht noch genauer als bisher in die Mitte der Kerzen zu liegen komme. Ebenso sollten dabei noch weitere Versuche mit Dochten vorgenommen werden.

---

[1] Journ. f. Gasbel. Bd. 27 S. 563 (1884).

Zugleich beantragte die Commission, die Permanenz derselben zu beenden und sie jährlich neu zu wählen, sie aber nicht zu beschränken auf die Beschaffung der Photometerkerzen, sondern sie wieder als Lichtmess-Commission einzusetzen, welche auch Versuche mit anderen Lichtmaassen, namentlich mit der von Hefner-Alteneck vorgeschlagenen Normallampe[1]), von Vereinswegen zu unternehmen habe.

Dieser Antrag wurde angenommen und die Mitglieder der bisherigen Commission für ein Jahr in die Lichtmess-Commission gewählt, welche nunmehr also bestand aus den Herren Director Schiele, Ingenieur Grahn, Dr. Bunte, Director Rudolph, Director Kümmel, S. Elster, Director Hornig und Director Thomas.

Auf derselben Versammlung berichtete Herr Dr. Bunte[2]) über die Normallampe von Hefner-Alteneck und stellte die Eigenschaften derselben dermaassen als der Beachtung werth dar, dass es sich empfehle, ausgedehnte Versuche nicht nur durch die Lichtmess-Commission machen zu lassen, sondern auch von den einzelnen Mitgliedern des Vereins vorzunehmen, worauf sich sofort 40 Vertreter von Gasanstalten zu solchen Versuchen bereit erklärten. Im Anschluss an diese Mittheilungen erinnerte Herr Salzenberg daran, dass eine ganz ähnliche Lampe bereits seit vier Jahren mit Erfolg von Herrn Eitner (Heidelberg) verwendet worden sei[3]), welche mit Benzin gespeist werde, eine nähere Beschreibung derselben hat Eitner in Folge dieser Besprechung veröffentlicht.[4])

Im Laufe des Jahres hatten sich 45 Mitglieder mit der Amylacetatlampe beschäftigt und ihre Urtheilsäusserungen dem Generalsecretär des Vereins, Herrn Dr. H. Bunte eingesandt, so dass derselbe auf der XXV. Jahresversammlung im Jahre 1885 in Salzburg darüber berichten konnte. In Bezug auf die praktische Brauchbarkeit der Lampe waren die Ansichten nicht mehr getheilt, es wurde allgemein anerkannt, dass sie sehr werthvolle Eigenschaften für die Lichtmessung besitze. Ebenso übereinstimmend waren die Urtheile über die grosse Empfindlichkeit der Flammen gegen Luftzug und die schwierige Regulirung des Dochtes.

Die Helligkeit der Amylacetatlampe wurde nahezu gleich derjenigen der englischen Wallrathskerze und gleich 0,94 der Helligkeit der Vereinsparaffinkerze gefunden.

Auf derselben Versammlung berichtete Herr Dr. Krüss über sein Compensationsphotometer[5]), eine veränderte Form des Bunsen-Photometers zum Zwecke der Vergleichung verschiedenfarbigen Lichtes, und Herr Dr. Löwenherz demonstrirte das Photometer von L. Weber[6]).

Im Jahre 1886 berichtete die Lichtmess-Commission auf der Jahresversammlung in Eisennach, dass an 66 Besteller 109 kg Kerzen verschickt seien im Laufe des letzten Jahres[7]). Herr Dr. Bunte machte wiederum Mittheilungen über Versuche mit der Amylacetatlampe[8]). Fast alle Urtheile lauteten überaus günstig und auch die im Vorjahre mehrfach bemängelte Beweglichkeit der Flamme als ein Umstand bezeichnet, an den man sich bald gewöhne. Auf einen Antrag des Herrn Hasse wurde beschlossen, die Lichtmess-Commission zu beauftragen, sich besonders mit der Untersuchung der Amylacetatlampe zu beschäftigen.

---

[1]) Journ. f. Gasbel. Bd. 27 S. 73 (1884).   [2]) Journ. f. Gasbel. Bd. 27 S. 766 (1884).
[3]) Journ. f. Gasbel. Bd. 24 S. 722 (1881).   [4]) Journ. f. Gasbel. Bd. 28 S. 799 (1885).   [5]) Journ.
f. Gasbel. Bd. 28 S. 685 (1885).   [6]) Journ. f. Gasbel. Bd. 28 S. 267 (1885).   [7]) Journ. f. Gasbel.
Bd. 29 S. 493 (1886).   [8]) Journ. f. Gasbel. Bd. 29 S. 1022 (1886).

Bis zur nächsten XXVII. Jahresversammlung im Jahre 1887 in Hamburg war die Lichtmess-Commission dieser ihr gestellten Aufgabe nur insofern näher getreten, als sie Erfahrungen aus den Gasanstalten über die Amylacetatlampe gesammelt hatte, sie hatte aber in einer am Tage vor der Jahresversammlung in Altona stattgefundenen Commissionssitzung, in welcher sie Dr. Krüss-Hamburg als Mitglied cooptirte, nunmehr eine intensive Bearbeitung der photometrischen Fragen in's Auge gefasst. Dazu regte auch ein auf der Jahresversammlung von Dr. Krüss gehaltener Vortrag über die Methoden der Photometrie[1]), sowie die sich daran schliessende Discussion an. Der Vortragende hielt es für nothwendig, sich über die Lichteinheit, die Beschaffenheit der Brenner, die Entfernung der Flammen vom Photometerschirm und die Construction des Photometers zu einigen und bezeichnete eine vollständige Revision der photometrischen Methoden unter der Autorität des Vereins für sehr wünschenswerth.

Der Sachlage entsprechend stimmte die Versammlung den folgenden Beschlüssen der Lichtmess-Commission zu:

1. Nach Maassgabe der bisherigen Versuche und Versuchsresultate erscheint die Amylacetatlampe als ein geeigneter Ersatz der bisher benutzten verschiedenen Kerzen für Lichtmessungen.

2. Die zur Zeit vorhandenen Versuchsreihen reichen jedoch nicht aus, um das Verhältniss zwischen den bisher benutzten Kerzen und der Lampe schon jetzt in Zahlen feststellen zu können.

3. Es erscheint zu diesem Zwecke erforderlich, noch weiter eingehende Versuche anzustellen in ähnlicher Weise wie seinerzeit solche wegen der Vereinskerze stattgefunden haben und dürfte

4. die Kerzen-Commission zu beauftragen sein, unter Zuziehung geeigneter Kräfte die weiter nothwendig befundenen Versuche anzustellen und im nächsten Jahre darüber zu berichten.

5. desgleichen zu prüfen, ob die vereinsseitig im Jahre 1872 festgestellten Grundsätze für die Lichtmessung der inzwischen gewonnenen Erfahrungen und neu hervortretenden Ansprüche dem heutigen Stand der Lichtmessung noch entsprechen und im Falle geeignete Anträge der nächstjährigen Versammlung vorzulegen.

Die Kerzen-Commission berichtete weiter, dass die Herstellung der neuen Vereinsparaffinkerzen der Waldauer Paraffinfabrik zu Waldau bei Osterfeld übertragen werden solle, und dass den vielfach geäusserten Wünschen entsprechend in Zukunft 10 Kerzen anstatt 6 auf 500 g gegeben würden.

Im Laufe des nächsten Jahres nahm die Lichtmess-Commission die Arbeit auf und trat am 28. Mai 1888 in Berathung mit dem Director der kurz vorher gegründeten physikalisch-technischen Reichsanstalt in Charlottenburg, Herrn Regierungsrath Dr. Löwenherz, wegen etwaiger Mitwirkung dieser Anstalt.

Sodann beschloss die Commission, Herrn Director S. Schiele zum Vorsitzenden, Herrn Director A. Thomas zu dessen Stellvertreter zu ernennen und Herrn Thomas im Verein mit den Herren Rudolph und Hornig mit der Wahrnehmung der auf die Photometerkerzen bezüglichen Geschäfte zu betrauen und endlich den Firmen

---

[1]) Journ. f. Gasbel. Bd 30 S. 974 (1887).
[2]) Journ. f. Gasbel. Bd 30 S. 1002 (1887).

S. Elster in Berlin und A. Krüss in Hamburg den Verkauf der Kerzen zu übertragen.

Für die vorzunehmenden Vergleichungen zwischen Amylacetatlampe und Kerzen
sollten die Herren S. Elster und Dr. Krüss je einen Arbeitsplan entwerfen.

Auf der XXVIII. Jahresversammlung im Jahre 1888 in Stuttgart wurden die
Anträge der Commission in folgender Form angenommen [1]:

> Da nach Maassgabe der bisherigen Erfahrungen über die Beständig-
> keit und leichte Einstellung der Amylacetatlampe dieselbe schon in ihrer
> jetzigen Gestalt als ein geeignetes Vergleichsmittel für Lichtmessungen
> erscheint,

da ferner

> zur Feststellung des Verhältnisses zwischen der Helligkeit der Amylacetat-
> lampe und der verschiedenen Kerzen eingehende Versuche erforderlich
> sind,

so wird

> 1. die bisherige Kerzen-Commission als Lichtmess-Commission beauftragt,
>   diese Versuche unter Hinzuziehung geeigneter Kräfte anzustellen und
>   wird ihr dafür ein Betrag bis zu M. 1500 bewilligt.
> 2. der Vorstand beauftragt, das Reichsamt des Innern zu ersuchen die
>   physikalisch-technische Reichsanstalt veranlassen zu wollen, sich im
>   Einverständniss mit dem deutschen Verein von Gas- und Wasserfach-
>   männern mit der Lösung dieser Frage zu befassen.

Was zunächst den Beschluss 2 betrifft, so hob der Vorstand in seinem Schreiben
an das Reichsamt des Innern besonders hervor:

> »Wir ersuchen hohes Reichsamt des Innern, die vorgetragene Bitte in
> wohlwollende Ueberlegung zu ziehen, und geben uns der Hoffnung hin,
> dass bei der grossen Bedeutung und dem internationalen Charakter der
> Aufgabe es thunlich erscheinen wird, der physikalisch-technischen Reichs-
> anstalt diejenigen Mittel zu gewähren, welche zur umfassenden und
> gründlichen Bearbeitung der Frage erforderlich sind.«

Darauf ertheilte der Herr Staatssecretär v. Bötticher zunächst den Bescheid,

> »dass die Reichsanstalt bisher bereits mit Lichtmessungen und mit
> zahlenmässiger Feststellung der Genauigkeit der für die Lichtmessung
> üblichen Methode sich beschäftigt habe, und dass die Frage: ob und
> inwieweit die Untersuchungen auch auf die Herstellung eines einheit-
> lichen Lichtmaasses auszudehnen sein möchte, dem Curatorium der Reichs-
> anstalt zur Prüfung unterbreitet werden würde«,

worauf dann eine weitere Mittheilung vom 14. Juni 1889 erfolgte, dahin lautend:

> »dass nach Anhörung des Curatoriums der Reichsanstalt, er den Prä-
> sidenten der Letzteren ersucht habe, die auf Feststellung des technischen
> Lichtmaasses gerichteten Untersuchungen über den Werth der üblichen
> Lichtmessmethoden in umfassenderer Weise als bisher und thunlichst im
> Einvernehmen mit dem Deutschen Verein von Gas- und Wasserfach-
> männern nach Maassgabe der verfügbar zu machenden Mittel fortzuführen«.

Hiernach war die Lichtmess-Commission nunmehr in die Lage versetzt, direct
mit der Abtheilung II der physikalisch-technischen Reichsanstalt in Verkehr treten
zu können.

---

[1] Journ. f. Gasbel. Bd. 31 S. 569 (1888).

Der Staatssecretär des Innern schrieb ferner:

»Was die Herstellung einer wissenschaftlichen Lichteinheit betrifft, so wird die Lösung dieser Aufgabe zur Zeit noch nicht herbeigeführt werden können, weil die dabei in Betracht kommenden photometrischen Fragen gegenwärtig noch einer eingehenderen wissenschaftlichen Durcharbeitung entbehren. Auch hierfür werden indess die Ergebnisse der vorgedachten Untersuchungen von wesentlicher Bedeutung sein.«

In der Arbeitsweise der Lichtmess-Commission wurde ein anderes Verfahren eingeschlagen als seither, wo die bewilligten Geldmittel meist für den Besuch der Sitzungen mussten verausgabt werden. Die Erfahrung, dass die grosse Verschiedenheit, welche die angestellten Versuche meistentheils in ihren Ergebnissen aufwiesen, wohl zumeist daher rührten, dass mit sehr verschiedenen Apparaten, wie sie eben die Untersuchenden besassen, gearbeitet werden musste, legte den Gedanken nahe, einmal mit völlig übereinstimmenden Photometern nach ganz gleichen Arbeitsvorschriften zu verfahren und alle Verhandlungen auf dem Wege der Rundschreiben zu pflegen, alle Beschlüsse auf dem gleichen Wege zu fassen. Und diese Veränderung hat sich als förderlich und nützlich erwiesen.

Dazu war es in erster Linie erforderlich, einen Arbeitsplan festzustellen, nach dessen Bestimmungen ein jedes Mitglied der Commission zu verfahren sich verpflichtete. Herr Dr. H. Krüss hatte den Entwurf für einen solchen schon im Juni 1888 geliefert. Die Verhandlungen über denselben zogen sich aber so sehr in die Länge, dass der endgültige Abdruck desselben erst bei Schluss des Jahres 1888 zum Versandt kommen konnte. Es folgt hier[1]):

Arbeitsplan für photometrische Versuche
der
Lichtmess-Commission des Deutschen Vereins von Gas- und Wasserfachmännern
behufs Vergleichung der Amylacetatlampe mit Kerzen.

I. Photometer (Fig. 1, 2 und 3).

Das zu den Versuchen zu verwendende Photometer soll ein Bunsen'sches, für diesen Zweck besonders gebautes sein. Dasselbe erhält eine Stablänge von 720 mm, eingetheilt in halbe Centimeter.

Beide Lichtquellen sollen feststehen, der Schirm, mit Spiegeln versehen, auf Röllchen beweglich sein; links auf den Nullpunkt kommt die Kerze, rechts (auf 720 mm) die Amylacetatlampe zu stehen.

Das Photometer, wie vorbeschrieben, wird jedem Mitarbeiter leihweise und kostenfrei geliefert. Ebenso das numerirte Photometerpapier mit Fettfleck in je vier Exemplaren. Die Papiere werden, zwischen Rahmen gespannt, zu dem Apparate passend gefertigt. Photometerpapiere, welche bei dem Umdrehen (zwischen den Spiegeln) mehr als 2% Unterschied geben, dürfen für diese Versuche nicht verwendet werden.

II. Kerzen.

Zur Vergleichung kommen vorerst:

a) die deutsche Vereins-Paraffinkerze bei einer Flammenhöhe von 50 mm;
b) die englische Normal-Walrathkerze » » » » 45 mm.

---

[1]) Journ. f Gasbel. Bd. 32 S. 759 (1889).

Die deutsche Vereins-Paraffinkerze soll einen Durchmesser von 20 mm haben, genau cylindrisch und in einer solchen Länge hergestellt sein, dass zehn derselben 500 g wiegen.

Die Dochte sollen in möglichster Gleichförmigkeit aus 24 baumwollenen Fäden geflochten sein und im trockenen Zustande pro lfd. Meter ein Gewicht von 0,668 g haben. Sie sind durch einen eingelegten rothen Faden von anderen Dochten abzu-

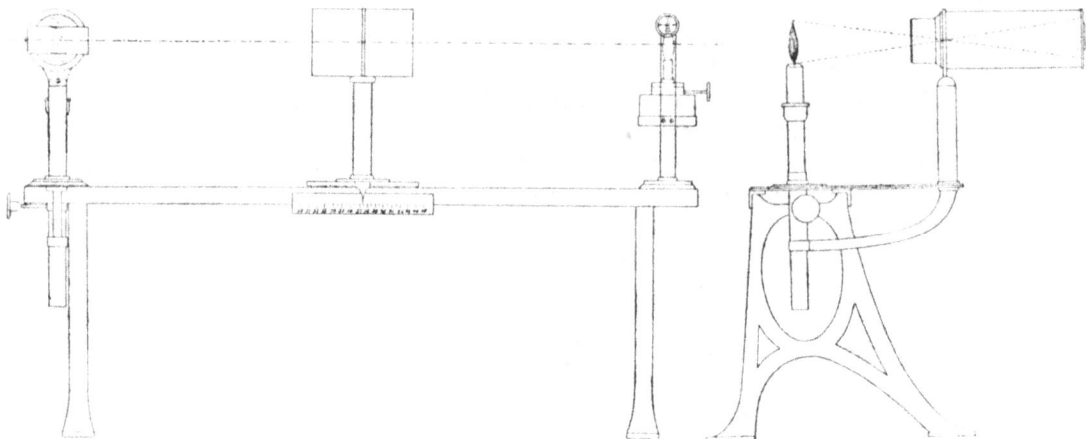

Fig. 1.   Fig. 2.

Ansicht von oben.

Fig. 3.

zeichnen. Das Kerzenmaterial soll Paraffin sein von einem nicht unter 55° C. liegenden Erstarrungspunkt.

Die englische (Londoner) Normal-Spermacetikerze ist aus Walrath gefertigt, hat einen baumwollenen (aus drei Strängen mit je 17 Fäden geflochtenen) Docht. Sechs derselben gehen auf 1 Pfund a. d. p. (= 453,6 g) und jede derselben soll 120 grains (= 7,78 g) Walrath in der Stunde verbrennen. Die abgelesene Lichtstärke wird nach der englischen Vorschrift proportional dem wirklichen Walrathverbrauche auf 120 grains zurückgerechnet, so lange sich der Vorrath innerhalb der Grenzen von 114 und 126 grains (7,49 bis 8,17 g) hält; anderenfalls ist die Beobachtung zu

verwerfen. Für die Versuche der Commission werden ohne Rücksicht auf den Walrath-
verbrauch 45 mm Flammenhöhe angenommen.

Jeder Beobachter erhält zehn deutsche und zehn englische Kerzen geliefert. Die
deutschen Kerzen werden auf Anordnung des Commissionsvorsitzenden durch Herrn
Director Thomas (Zittau) den einzelnen Beobachtern kostenfrei zugesandt, und zwar
aus einheitlicher, diesjähriger Lieferung; die englischen Kerzen werden durch Ver-
mittelung der zuständigen Behörden oder von Vertrauenspersonen von dem Vorsitzenden beschafft.

Bei den Versuchen ist die Flammenhöhe zu messen von dem Punkte, wo der
Flammenmantel den Docht berührt, bis zur Flammenspitze. Die Spitze der Flamme
muss geschlossen, darf nicht gespalten oder doppelt sein, auch sich nicht zu einer
dünnen, langgezogenen Lichtlinie verlängern.

Die Flammenhöhen sind mittels der von Seiten des Vereines (mit dem Photometer) zu liefernden Apparate festzustellen.

Kerzen, deren Docht ersichtlich schief in der Masse sitzt, oder welche nicht
die richtige Höhe oder nicht die vorgeschriebene Gestalt der Flamme geben oder
sonstige auffällige Mängel zeigen, dürfen zu den Versuchen nicht verwendet werden.

III. Amylacetat und Amylacetatlampe.

Die Amylacetatlampe wie das Amylacetat werden den Beobachtern — Letzteres
auf Anordnung des Commissions-Vorsitzenden von Herrn C. A. F. Kahlbaum in
Berlin in Menge von je einem Liter — auf Kosten des Vereins geliefert bezw. zugesandt; mit der Lampe auch Dochte in Vorrath.

Die Leuchtkraft der Amylacetatlampe soll nach der von Hefner-Alteneck der
Verwendung derselben zu Grund gelegten Bestimmung (s. Schilling's Journal für
Gasbeleuchtung und Wasserversorgung 1884 S. 74 ff.) gleich der Leuchtkraft einer
in ruhig stehender reiner atmosphärischer Luft brennenden Flamme sein, welche
aus dem Querschnitt eines massiven, mit Amylacetat gesättigten baumwollenen
Dochtes aufsteigt, der ein kreisrundes Dochtröhrchen aus Neusilber von 8 mm innerem
und 8,2 mm äusserem Durchmesser und 25 mm freistehender Länge vollkommen
ausfüllt, bei einer Flammenhöhe von 40 mm vom Rande des Dochtröhrchens bis
zur Flammenspitze gemessen.

Das Amylacetat ist in einem Glasgefässe mit eingeschliffenem Stopfen aufzubewahren. Vor Benutzung des Amylacetats ist dasselbe mit Lackmuspapier auf
etwaigen Säuregehalt zu untersuchen. Säurehaltiges darf bei den Versuchen nicht
verwendet werden. Zeigt der Docht grünliche Farbe, so ist er durch einen neuen
zu ersetzen; die Lampe ist alsdann zu entleeren, mit gutem Amylacetat auszuspülen
und neu zu füllen.

Bei Nichtgebrauch muss die Lampe geschlossen sein. Wurde sie mehr als eine
Woche nicht benutzt, so ist sie frisch zu füllen.

Die Flammenhöhe der Amylacetatlampe, bei welcher die Vergleichung stattfindet, ist 40 mm.

IV. Die Versuche.

Zu jedem Versuche gehören zwei Personen, deren eine die Flammenhöhe, die
andere die Einstellung des Photometerschirmes beobachtet.

Die Beobachtung soll mit den Spiegeln erfolgen.

Vor der Beobachtung ist der Kerzendocht derart zu putzen (schneuzen), dass die Flammenspitze unter ihre normale Höhe herabsinkt und diese erst wieder nach weiterem Brennen erreicht.

Die Einstellung des Photometerschirmes wird in dem Augenblicke in Centimeter und Millimeter notirt, wo die wachsende Flamme die vorgeschriebene Höhe (von 50 mm bezw. 45 mm) erreicht hat.

Als Grundlage für die photometrischen Messungen dient die Vereins-Paraffin-kerze bezw. die englische Spermacetikerze.

Die Amylacetatlampe muss vor jedem Versuche mindestens 40 Min. gebrannt haben und auf richtige Flammenhöhe (40 mm) gestellt sein.

Wünschenswerth ist es, wo angängig, auch das Gewicht des während der Beobachtungszeit verbrannten Amylacetates zu ermitteln.

Als geeignetste Temperatur des Raumes, in welchem die Lichtversuche angestellt werden, werden 17 bis 18° C. (= 14° R.) angenommen. Die Zimmertemperatur ist ist in der Höhe der Flammen vor und nach dem Versuche festzustellen und aufzuschreiben; ebenso, wo thunlich, der Barometerstand.

Jeder Versuch mit einer Kerze soll aus zehn Beobachtungen bestehen, welche ohne Unterbrechung des Brennens derselben nacheinander gemacht werden, und vor deren jeder der Photometerschirm zu verschieben ist. Nach der fünften Beobachtung ist das Photometerpapier umzudrehen, so dass seine linke Seite die rechte wird.

Die Anzahl der mit jeder brauchbaren Kerze vorzunehmenden Versuche soll mindestens zwei betragen.

Die Beobahtungsergebnisse sind in ein von der Commission den Mitarbeitern zu stellendes Formular[1] einzutragen und an den Vorsitzenden der Lichtmess-Commission (Simon Schiele in Frankfurt a. M., Gutleutstrasse 216) alsbald nach vollendeten Versuchen einzusenden; auch ist spätestens sechs Wochen nach Empfang das Photometer an die von dem Vorsitzenden der Commission aufzugebende Adresse weiter zu befördern.

Die Farbe des Photometerraumes muss von so matter und dunkler Beschaffenheit sein, dass die Wände kein reflectirtes Licht auf den Photometerschirm werfen; es ist nothwendig, dass die zu vergleichenden Flammen möglichst gleich weit und nicht unter einem Meter von den Wänden abstehen. —

Ueber die Construction des zum ausschliesslichen Zwecke von Kerzenvergleichs-versuchen bestimmten ganz kurzen Photometers fanden längere Verhandlungen gleichzeitig mit denen über den Arbeitsplan statt. Die schliesslich angenommene Form wurde in sechs ganz genau übereinstimmenden Exemplaren durch das optische Institut von A. Krüss in Hamburg hergestellt.

Ueber die Versuche nach diesem Arbeitsplan wurde auf der XXIX. Jahresversammlung im Jahre 1889 in Stettin berichtet[2] dass dieselben noch lange nicht diejenige Sicherheit bietende Uebereinstimmung besitzen, welche erforderlich ist, um sie als endgültige der Jahresversammlung zur Annahme empfehlen zu können. Die Einzelbeobachtungen hatten die hierzu unabweisbare Uebereinstimmung noch nicht erreicht. Diese kann nur durch länger fortgesetzte Versuche erlangt werden. Immer-

---

[1] Siehe S. 35.
[2] Journ f. Gasbel. Bd. 32 S. 765 (1889).

Formular für die Aufschreibung der Versuchsergebnisse:

Versuch No. . . . .

Vergleichung der Amylacetatlampe von 40 mm Flammenhöhe mit der $\dfrac{\text{Vereins-}}{\text{Englischen}}$

Kerze von $\dfrac{50}{45}$ mm Flammenhöhe.

Beobachter . . . .
Ort, Tag und Zeit . . . .
Temperatur in der Höhe der Flammen:

      a) vor dem Versuche . . . ⁰ C.⎫
      b) nach dem Versuche . . . ⁰ C.⎬ Barometerstand . . . mm.

Nummer der Beobachtung	Einstellung des Photometerschirmes	Bemerkungen
	cm	
1.	. . . .	. . . .
2.	. . . .	. . . .
3.	. . . .	. . . .
4.	. . . .	. . . .
5.	. . . .	. . . .
Umkehren des Schirmes No.		
6.	. . . .	. . . .
7.	. . . .	. . . .
8.	. . . .	. . . .
9.	. . . .	. . . .
10.	. . . .	. . . .

$\dfrac{\text{Paraffin}}{\text{Walrath}}$-Verbrauch der Kerze während ⋯—⋅ Min. = ⋅ ⋅ ⋅ g.

Amylacetatverbrauch der Lampe während . . . Min. = . . . g.

hin sprachen sie aber für die Ueberlegenheit und die Vorzüge, welche der Amylacetatlampe gegenüber den Kerzen zur Seite stehen.

Es wurden im Ganzen von den zehn Mitgliedern der Commission seit März 1889 2770 verwendbare Ablesungen (neben einer grossen Zahl nicht zu benutzender) gemacht, welche 277 brauchbare protokollirte Versuche darstellen. Für jeden einzelnen Versuch wurde die Leuchtkraft aus den abgelesenen Skalenzahlen heraus gerechnet, daraus eine Tabelle gebildet und aus allen Versuchszahlen das arithmetische Mittel genommen. Dies brachte die folgenden Zahlen:

Setzt man:

      a) die Amylacetatflamme von 40 mm Höhe = 1,

so gibt

      b) die deutsche Vereins-Paraffinkerzenflamme von 50 mm Höhe = 1,224 A. A. L.,
      c) die englische Walrathkerzenflamme L von 45 mm Höhe = 1,135 A. A. L.,
      d) die Walrathkerzenflamme K von 45 mm Höhe = 1,140 A. A. L.[1]),

---

[1]) L und K waren Kerzen aus verschiedenen Bezugsquellen.

oder umgekehrt: Es hat

    a) 1 Amylacetatflamme von 40 mm Höhe die Leuchtkraft von:

    b) 0,808 deutsche Vereins-Paraffinkerzenflamme mit 50 mm Höhe,

    c) 0,883 englische Walrathkerzenflamme L mit 45 mm Höhe und

    d) 0,879   »   »   K » 45 »   »

Da bei Zusammenstellung dieser Zahlen der Beobachter mit den höchsten Ergebnissen und der mit den niedrigsten um 1,3 bis 9,4% von einander abweichen, so ist eine Wiederholung der Versuche angezeigt und dargethan, dass vorstehende Zahlen nur einstweilige Ergebnisse bringen, welche genauerer Festsetzung noch bedürfen.

Ausserdem wurde berichtet, dass von dem holländischen Gasverein im Juni 1888 ein Schreiben eingelaufen war, welches im Wesentlichen lautet:

»In der Generalversammlung unseres Vereins in Breda wurde auf Antrag Ihres und unseres Mitgliedes Herrn S. Elster von Berlin beschlossen, dass unser Verein mit Ihrer verehrten Commission in Verbindung treten solle, um zum Zwecke einer internationalen Lichteinheit mitzuwirken.

Da der Factor Lichtstärke in unserem Gasfache ein sehr bedeutender ist, aber leider zu gleicher Zeit ein sehr unbestimmter in Folge der Verschiedenheit und Unsicherheit der Lichteinheiten und der Lichtmessungsmethoden, so ist die Ihrer Commission gestellte Aufgabe eine äusserst wichtige und hoffen wir, dass die Gasfachmänner aller Nationalitäten zur Lösung derselben mitwirken werden.

Es ist uns daher eine angenehme Aufgabe, dem Entschlusse unserer Generalversammlung Folge zu leisten, indem wir Ihnen die Mitwirkung unseres Vereines anbieten.«

Der Vorstand der Vereeniging van Gasfabriekanten in Nederland.

    Der Sekretär: **Der Präses:**

gez. C. J. Salomons (Rotterdam).   J. S. François (Dortrecht).

Wenn auch die Commission, ehe sie in der Sache selbst einigermaassen festen Fuss fasste, sich nicht berechtigt hielt, mit auswärtigen Personen und Vereinen über die ihr gestellte Aufgabe in Mitarbeit treten zu dürfen, so wurden doch sowohl dem holländischen Bruderverein Arbeitsplan und Zeichnung des Photometers eingesandt, wie dies auf dem Privatwege auch nach Brüssel, London u. a. m. erfolgte.

Die Commission beantragte sodann:

Die Versammlung wolle erklären:

1. Die zahlreichen Versuche der Lichtmesscommission haben aufs Neue bewiesen, dass die Amylacetatlampe den von der Lichtmesscommission untersuchten englischen Walrathkerzen und deutschen Vereins-Paraffinkerzen überlegen ist.

2. Die bisher gemachten Versuche reichen nicht aus, das Verhältniss der Leuchtkraft der Amylacetatlampe zu den Kerzen endgültig festzustellen und beauftragt deshalb der Verein die Lichtmesscommission, die begonnenen Versuche fortzusetzen.

Die Versammlung beauftragt die Lichtmesscommission ferner:

3. Die Amylacetatlampe auch mit anderen Lichteinheiten zu vergleichen, sowie neu vorgeschlagene Lichteinheiten zu prüfen.

4. Die gebräuchlichen und neu vorgeschlagenen Photometerschirme auf ihre Brauchbarkeit und Gleichartigkeit zu prüfen und es gewährt

5. die Jahresversammlung gewährt der Lichtmesscommission wieder einen Credit von M. 1500 aus der Vereinskasse für das Jahr 1889/90.

Diese Anträge wurden einstimmig angenommen.

Auf derselben Versammlung berichtete als Vertreter der Physikalisch-technischen Reichsanstalt, Herr Dr. Lummer, über deren bisherige photometrische Arbeiten.[1]) Derselbe wies zunächst auf Vorversuche mit der Amylacetatlampe hin und schlug vor, dieselbe von nun an mit dem Namen »Hefner-Lampe« zu belegen, da ein langathmiger Name der Einführung in der Praxis hinderlich und es auch Brauch und Pflicht sei, eine brauchbare Lampe nach ihrem Erfinder zu benennen.

Sodann führte er den neuen, von ihm in Gemeinschaft mit Herrn Dr. Brodhun construirten Photometerkopf vor.

Endlich versicherte der ebenfalls anwesende Director Dr. Löwenherz, dass die Reichsanstalt gerne mitarbeiten werde an der Aufgabe, welche der Verein seiner Lichtmesscommission gestellt habe.

Es folgte nun ein Jahr der emsigsten Arbeit der Mitglieder der Lichtmesscommission und es war namentlich das Verdienst des Commissions-Vorsitzenden, Simon Schiele, dass die Arbeiten in gutem Fluss gehalten, dass von ihm die überaus grosse Anzahl von Messungsresultaten in übersichtlicher Weise zusammengestellt wurde und dass endlich ein für die Sache ausserordentlich förderliches collegialisches Zusammenarbeiten mit der Physikalisch-Technischen Reichsanstalt herbeigeführt wurde.

So konnte die Commission, welche im Laufe des Jahres mehrere Sitzungen, darunter auch eine in der Reichsanstalt, abgehalten hatte, auf der XXX. Jahresversammlung in München im Jahre 1890 einen umfangreichen, die bearbeiteten Fragen einstweilen abschliessenden Bericht erstatten. [2])

Es würde zu weit führen, hier den ganzen Bericht mit seinen ausführlichen Tabellen wiederzugeben. Es sei deshalb nur angeführt, dass die Arbeiten der Commission sich zunächst bezogen auf die Vergleichung der Helligkeit der deutschen Vereinsparaffinkerze und der englischen Walrathkerze mit derjenigen der Amylacetatlampe. Das Endergebniss aus allen Einstellungen war:

1 deutsche Vereinsparaffinkerze $=$ 1,224   Amylacetatlampe,
1 englische Walrathkerze $=$ 1,145 — 160   »

Die verschiedenen Zahlen für letztere Kerze bezogen sich auf verschiedene Sorten derselben.

Sodann beschäftigte sich die Commission mit der ihr gestellten Aufgabe, einen Vergleich mit anderen, neu vorgeschlagenen Lichteinheiten herbeizuführen. Durch Herrn Generalsekretär Prof. Dr. Bunte war ein vollkommener Methven-Schirm und eine ebensolche Pentan-Lampe, beide direct von dem Erfinder, bezw. dessen Bevollmächtigten bezogen worden. Gemeinsame Versuche konnten damit aber noch nicht angestellt werden und die von einzelnen Mitgliedern der Commission angestellten Versuche führten namentlich bei Anwendung von verschieden leuchtwerthigen Gasen zu so grossen Abweichungen, dass die Ergebnisse hier nicht einmal können aufgeführt werden. Die eingehendere Untersuchung derselben wurde den nächsten Jahren vorbehalten.

Eingehende Versuche wurden auch über die Brauchbarkeit der benutzten Fleckfleck-Schirme angestellt. Aus diesen Versuchen ging hervor, dass die Fabrikanten in der Anfertigung solcher Schirme so weit vorangeschritten sind, dass man an die Photometerpapiere unbedenklich die Anforderungen stellen kann, dass ihre beiden

---

[1]) Journ. f. Gasbel. Bd. 32 S. 773 (1889).
[2]) Journ f. Gasbel. Bd. 33 S. 571 (1890).

Seiten in ihren Leistungen nicht mehr als 1% von einander abweichen dürfen. Es waren unter den 430 geprüften Schirmen nur 19 oder etwa 44%, welche mehr als 1%/o Unterschied zeigten.

Daran schlossen sich Versuche mit den Photometerköpfen von Lummer und Brodhun, die aber noch nicht zu einem abschliessenden Ergebniss geführt wurden, sondern fortgesetzt werden sollten. Jedoch wurde bereits die Ueberlegenheit dieser Anordnung vor dem Bunsen'schen Photometer anerkannt, namentlich auch in Bezug auf die geringe Ermüdung des Beobachters.

Auf Grund aller dieser Arbeiten unterbreitete die Lichtmess-Commission in Gemeinschaft mit der Physikalisch-technischen Reichsanstalt der Jahresversammlung folgende Anträge zur Beschlussfassung:

1. Die Amylacetatlampe, welche fernerhin »Hefnerlicht« zu benennen ist, wird an Stelle der Vereins-Paraffinkerze als Lichtmaass des Vereins angenommen.
2. Das Verhältniss der Leuchtkraft einer Hefnerlampe von der in Schilling's Journal für Gasbeleuchtung und Wasserversorgung 1884 S. 74 ff. beschriebenen Contruction und einer Flammenhöhe von 40 mm, verglichen mit der Leuchtkraft der Vereins-Paraffinkerze wird, wie 1 zu 1,20 mit einer Abweichung im mehr oder minder bis zu 0,05 festgestellt.

Ausserdem beantragt die Lichtmess-Commission die Jahresversammlung wolle beschliessen.

3. Der Verein beauftragt seinen Vorstand bei der Physikalisch-technischen Reichsanstalt in Charlottenburg den Antrag zu stellen, sie wolle die amtliche Beglaubigung von Hefnerlampen übernehmen.
4. Die Lichtmess-Commission wird beauftragt, in Gemeinschaft mit der Physikalisch-technischen Reichsanstalt die Frage der photometrischen Apparate und Methoden weiter zu bearbeiten und
5. Der Verein bewilligt für diese Arbeiten und das Vereinsjahr 1890/91 aus seiner Kasse die Summe von 2000 M.

Die Anträge wurden ohne Erörterung einstimmig angenommen, nachdem die Herren Dr. Lummer und Director Dr. Löwenherz über die photometrischen Arbeiten der Reichsanstalt gesprochen und letzterer die Bereitwilligkeit der Reichsanstalt, die Beglaubigung der Hefnerlampe zu übernehmen ausgedrückt hatte. Derselbe bezeichnete den gefassten Beschluss als einen Markstein nicht nur für die deutsche Photometrie, sondern für die Lichtmessung überhaupt, in welcher dadurch eine internationale Einigung sicher angebahnt werde.

Die Aufgabe, welche die XXX. Jahresversammlung in München (1890) der Lichtmess-Commission gestellt hatte, lautete: »Dieselbe wird beauftragt, in Gemeinschaft mit der Physikalisch-technischen Reichsanstalt die Frage der photometrischen Apparate und Methoden weiter zu bearbeiten«.

Als zu diesen Weiterarbeiten gehörig wurden von der Commission für rückständige Arbeiten angesehen:

1. Das angenommene Hefner-Licht auch mit anderen, auswärts gebräuchlichen oder neu vorgeschlagenen Lichtquellen zu vergleichen und das Verhältniss festzustellen;
2. für das Hefner-Licht selbst noch näher zu ermitteln:
   a) den Einfluss verschiedener Dochtarten auf dasselbe,
   b) den Einfluss unreinen Amylacetats auf dasselbe,

c) die Frage der Messung der Flammenhöhe des Hefner-Lichts, insbesondere: ob diese durch Kathetometer oder durch Abblendung zu geschehen hat und, falls letztere sollte gewählt werden, in welcher Weise sie erfolgen solle?

d) die Nothwendigkeit der Lüftung des Photometerzimmers bezüglich des Hefner-Lichtes,

e) den Einfluss des Luftfeuchtigkeitsgehaltes auf das Hefner-Licht,

f) die Grundlagen für eine amtliche Prüfung (Aichung) der Hefner-Lampen,

g) die Anleitung zur Benutzung der Dr. Lummer'schen und Dr. Brodhun-schen Photometerköpfe

und als neuen Gegenstand der Bearbeitung:

3. die Zusammenstellung eines thunlichst vollkommenen und leicht zu hand-habenden Photometers, so dass allmählich eine möglichste Uebereinstimmung aller Hülfsmittel für Feststellung der Leuchtkraft der verschiedensten Beleuch-tungsarten auch in den benachbarten Ländern herbeigeführt werde.

Die Arbeiten der Commission erlitten jedoch Hemmungen und Verzögerungen, welche letztere wesentlich durch den Umzug der 2. Abtheilung der Physikalisch-technischen Reichsanstalt in ein neues Haus hervorgerufen wurden. Erst vom 7. bis 9. März 1891 konnte es ermöglicht werden, eine gemeinschaftliche Sitzung in dem noch unvollendeten Neubau der Reichsanstalt in der Marchstrasse abzuhalten und die Anweisung in der Benutzung der Photometerköpfe seitens der Herren der Reichs-anstalt entgegen zu nehmen.

Es wurden hierbei folgende vorläufige Verabredungen bezüglich der Grundlagen für die Vorschriften zur Prüfung der Hefner-Lampen getroffen:

1. Die ursprünglich von F. v. Hefner-Alteneck angegebenen Maassverhältnisse für die Hefner-Lampe seien beizubehalten.

2. Das Dochtrohr sei im Innern durch drei Dorne zu vermessen, dessen einer genau der inneren Sollweite desselben zu entsprechen, dessen anderer die zu-lässige Grenze für die Verengung und dessen dritter dieselbige für die Er-weiterung darzustellen habe. Das Dochtrohr habe ausser der Uebereinstim-mung in den Maassen auch solche im Gewichte zu zeigen; es sei mit einer Theilung an seinem oberen Rande derart zu versehen, dass eine Veränderung an dessen Höhe nicht unbemerkt könne vorgenommen werden; auch sei seine Aussenfläche zur Vermeidung von Aenderungen in der Ausstrahlung stets rein zu halten.

3. Der Docht sei möglichst locker, doch in den einzelnen Fäden derart gebunden zu wählen, dass eine gleichzeitige Bewegung aller Fäden bei Drehung des Getriebes erfolge. Das Gewicht des Dochtes auf eine gewisse Länge und bei einem bestimmten Trockenheitsgrade sei festzusetzen.

4. Das Getriebe (der Trieb) für die Dochtbewegung erfasse den Docht möglichst gleichförmig von beiden Seiten.

5. Das optische Flammenmaass nach Krüss sei beizubehalten und derart fest mit dem Körper der Lampe zu verbinden, dass die Flammenbasis stets un-verändert bleibe. Das feinkörnige, dünne und matte Glas des optischen Flammenmaasses soll nur mit einem horizontalen Striche für die richtige Flammenhöhe und mit zwei senkrechten Strichen versehen sein. Bis zu erstem habe die Flammenspitze zu reichen, zwischen beiden letzten habe das

Flammenbild zu stehen. Millimetertheilung zwischen oder neben den senkrechten Strichen möge nur für besondere Zwecke zugelassen werden.

6. Ueber den Einfluss der Reinheit des Amylacetats stellt die Physikalisch-technische Reichsanstalt Versuche in Aussicht, auf Grund deren Ergebnisse eine Definition des für die Lichtversuche brauchbaren Amylacetats festzustellen sei. Als Bezugsquelle für dasselbe sei vorerst die Firma C. F. A. Kahlbaum (Berlin) beizubehalten, sofern sie sich verpflichte, dasselbe von stets gleicher Qualität zu liefern; auch habe sie von Zeit zu Zeit der Physikalisch-technischen Reichsanstalt Proben zur Prüfung bezw. Feststellung der richtigen Qualität einzusenden. Der von dem Verbraucher zu untersuchende etwaige Gehalt an Essigsäure sei unter Benutzung von Lackmuspapier oder Phenolphtalein zu ermitteln.

7. Die Fehlergrenze in der Helligkeit des Hefner-Lichts sei bis zu 2% im mehr oder weniger zu gestatten.

8. Zu der amtlichen Prüfung seien nur diejenigen neuen und älteren Hefner-Lampen zuzulassen, welche den beschlossenen Bestimmungen entsprächen. Die amtlich zu prüfenden Hefner-Lampen haben den Namen des Anfertigers und eine Fabrikationsnummer zu tragen, und versieht sie die Physikalisch-technische Reichsanstalt, wenn sie die Prüfung bestanden haben, mit der Jahreszahl, in welchem die Prüfung vorgenommen wurde.

Das freiwillige Wiederprüfenlassen von Hefner-Lampen sei zu empfehlen.

Nachdem man in gemeinschaftlicher Sitzung nach eingehenden Unterredungen über vorstehende Entschlüsse sich geeinigt hatte, erklärte sich Herr Director Löwenherz bereit — gegründet auf dieselben — einen Entwurf für die Prüfungs- und Beglaubigungsvorschriften in der Reichsanstalt, als der Handhaberin derselben, anfertigen zu lassen und der Lichtmess-Commission Vorlage desselben machen zu wollen.

In einer hiernach abgehaltenen Sitzung der Mitglieder der Lichtmess-Commission wurde die Rundsendung des Photometers No. 6 mit allem Zubehör an alle Mitglieder derselben beschlossen, sobald die Hefner-Lampe No. 6 von der Physikalisch-technischen Reichsanstalt verglichen und richtig befunden worden sei. Es erfolgte dies erst anfangs Mai 1891, so dass auf der XXXI. Jahresversammlung in Strassburg 1891 über irgendwelche Versuche der Commission nicht berichtet werden konnte.

Jedoch hatte die Physikalisch-technische Reichsanstalt schon im Herbste 1890 die Mittheilung gemacht, sie habe die in Berlin bei der Stadt üblichen Spermaceti-kerzen mit dem Hefner-Lichte verglichen und gefunden, dass eine Kerze durchschnittlich = 1,134 Hefner-Licht gleichkomme, während von der Commission seinerzeit durchschnittlich = 1,146 Hefner-Licht sei gefunden worden. Die Ergebnisse schwankten um = 0,012 Hefner-Licht oder 1,06%, welche die Reichsanstalt weniger fand, als seinzeit die Commission. Die Uebereinstimmung wurde als eine gute betrachtet, die Reichsanstalt aber dennoch ersucht, auch einen Vergleich zwischen den von der Commission bezogenen und bei deren Versuchen benutzten englischen Walrath-kerzen vorzunehmen.

Die Lichtmess-Commission beantragte[1]: »Die Jahresversammlung wolle: 1. den der Lichtmess-Commission 1890 gegebenen Auftrag bestehen lassen und 2. ihr für 1891/92 wieder einen Credit bis zu M. 2000 für die ferneren Arbeiten bewilligen.

---

[1] Journ. f. Gasbel. Bd. 34 S. 432 (1891).

Im Anschluss an den Bericht der Lichtmess-Commission besprach Herr Director Dr. Löwenherz[1]) die Vorarbeiten zur Beglaubigung der Hefner-Lampe und gab eine Beschreibung der für die Lampe construirten Schutz- und Controlvorrichtungen. Dabei verlas er einen Brief des Herrn v. Hefner-Alteneck, in welchem gefordert wurde, dass man sich zur Ablesung der Flammenhöhe nicht auf das Krüss'sche optische Flammenmaass beschränken solle und dürfe, sondern ebenso das von ihm angegebene Visir als zulässig erklären solle. Endlich theilte Herr Dr. Löwenherz mit, dass bei der amtlichen Beglaubigung der Hefnerlampe die Verkehrs-Fehlergrenze auf ± 0,02% angenommen werden solle, dass aber die Reichsanstalt namentlich bei den ersten Aichungen darauf sehen werde, dass die Fehlergrenze nur ± 0,01% betrage. Der Brennstoff, das Amylacetat, wurde dann einer längeren Besprechung unterworfen, worauf Herr Drehschmidt in einem längeren Vertrage[2]) auf die im Handel vorkommenden unreinen Sorten des Amylacetats und seiner Verfälschungen hinwies und eine genau vorgeschriebene Zusammensetzung des Amylacetats verlangte.

Zur Erledigung der nunmehr wieder in Fluss gebrachten Frage, welches Flammenmaass bei der Hefner-Lampe zu benutzen sei, war die Lichtmess-Commission am 7. September 1891 in Frankfurt a/M. mit Vertretern der Physikalisch-technischen Reichsanstalt zusammengetreten und es ergab die Berathung, dass man sowohl den optischen Flammenmesser nach Krüss als das Visir von Hefner-Alteneck zur Beglaubigung zulassen wolle.

Ausserdem hatte die Physikalisch-technische Reichsanstalt vier Lampen mit verschiedenen Vorrichtungen zum Messen der Flammenhöhe der Commission zur Begutachtung eingesandt, nach deren Prüfung festgestellt wurde, dass das den früheren Beschlüssen der Commission entsprechende Lampenmuster mit nur geringen Abweichungen allen Anforderungen in Bezug auf leichte und sichere Beobachtung entspricht und als durchaus praktisch brauchbar bei photometrischen Versuchen in Gasanstalten hingestellt werden konnte.

Demgemäss beantragte die Lichtmess-Commission bei der XXXII. Jahresversammlung im Jahre 1892 in Kiel[3]):

1. Für die Zwecke der Lichtmessung in Gasanstalten und Controlämtern empfiehlt sich entweder das abgeänderte Hefner'sche Visir mit Blendschirm oder der optische Flammenmesser nach Krüss.

   Auf Anregung des Vorstandes hat sich die Physikalisch-technische Reichsanstalt bereit erklärt, Lampen zu beglaubigen, welche mit einem der vorgenannten Flammenmesser ausgerüstet sind.

   Es ist zulässig, einer Lampe beide Flammenmesser beizugeben.

   Für besondere Zwecke der Lichtmessung können noch Flammenmesser anderer Art zur Beglaubigung zugelassen werden.

2. Der Verein trägt dafür Sorge, dass Amylacetat für photometrische Zwecke, dessen vorschriftsmässige Beschaffenheit festgestellt und mittels einer Plombe gekennzeichnet ist, durch die Geschäftsstelle des Vereins oder durch geeignete von diesem namhaft zu machende Handlungen käuflich bezogen werden kann.

Die von der Lichtmesscommission angeregten Bestrebungen zur Herstellung eines möglichst vollkommenen, einfachen und leicht zu handhabenden Photometers wurden

[1]) Journ. f. Gasbel. Bd. 34 S. 489 (1891).
[2]) Journ. f. Gasbel. Bd. 34 S. 512 (1891).
[3]) Journ. f. Gasbel. Bd. 35 S. 724 (1892).

von Seiten der Physikalisch-technischen Reichsanstalt lebhaft gefördert. Ferner war eines der Vereinsphotometer mit verschiedenen Photometerköpfen nach Lummer und Brodhun versehen und zur Prüfung desselben bei den Commissionsmitgliedern in Umlauf gesetzt worden. Jedoch erschien es nöthig, die Versuche mit derartigen Photometerköpfen vorläufig noch fortzusetzen, weil ein abschliessendes Urtheil über dieselben bisher nicht gewonnen werden konnte. Die Lichtmesscommission beabsichtigte, sofern ihr vom Verein die nöthigen Mittel bewilligt würden, neue Photometerköpfe dieser Art anzuschaffen und damit Versuche anstellen zu lassen.

Die Commission stellte daher schliesslich auch den Antrag, ihr zu den vorzunehmenden Versuchen die erforderlichen Mittel zur Verfügung zu stellen.

Dieser Antrag fand Genehmigung.

Die Lichtmess-Commission hatte sich im folgenden Vereinsjahre hauptsächlich mit der Durchführung der im vorigen Jahre gefassten Beschlüsse der Jahresversammlung zu befassen. Diese Arbeit brachte einen lebhaften Verkehr mit der Physikalisch-technischen Reichsanstalt, Abthlg. II, mit sich. Leider wurde dieser längere Zeit durch den Tod des Herrn Dr. Löwenherz (30. Oct. 1892) unterbrochen bezw. verlangsamt und war auch durch die Ernennung des Herrn Prof. Dr. Stenger (Dresden) zum Director der Abtheilung II der Reichsanstalt im März 1893 noch nicht in rechten Fluss gerathen, als auch dieser, nach kaum zweimonatlicher Ernennung (am 21. Mai 1893) seinem Vorgänger in das Grab folgte.

Die gemeinschaftliche Arbeit bezog sich auf die Erlassung einer »Bekanntmachung über Prüfung und Beglaubigung der Hefnerlampe.« Sie wurde nach mehrfachen Verhandlungen festgestellt und (d. d. 30. März 1893) von der Physikalisch-technischen Reichsanstalt am 5. Mai 1893 in No. 18 des Centralblattes für das deutsche Reich, herausgegeben vom Reichsamt des Innern, veröffentlicht[1]). Damit war das Instrument für richtige Herstellung des »Hefnerlichtes« als Einheit endlich zu Stande gebracht.

Während diese erste Aufgabe der Commission fast ganz auf schriftlichem Wege gelöst und zu Ende geführt werden konnte, war es nothwendig, zur Weiterbehandlung der zweiten Aufgabe, »Vermehrte Versuche mit dem Dr. Lummer-Brodhunschen optischen Photometerkopfe anzustellen«, die Commissionsmitglieder zu einer Sitzung zusammen zu berufen. Diese kam in Folge der Cholera in Hamburg und des Todes von Herrn Director Dr. Löwenherz erst am 11. und 12. Februar 1893 in Leipzig zu Stande.

In Folge des Wunsches der Commission, es möchte der an und für sich sehr empfehlenswerte Photometerkopf, weil er zu schwierig und schwerfällig in der Handhabung sei, etwas kleiner und handlicher ausgeführt werden, hatte die Firma A. Krüss, Hamburg schon im September 1892 einen Photometerkopf angefertigt, der bei den alsbald von drei Sachkundigen angestellten Versuchen recht günstige Ergebnisse lieferte. Bei den von der Mehrzahl der Commissionsmitglieder in Leipzig, unter Zuziehung des Herrn Director Wunder, während zweier Tage vorgenommenen Prüfungen bewährte er sich abermals und befriedigte die Commission durchaus, obgleich Herr Dr. Krüss bei Vorzeigung seines kleinen Kopfes darauf aufmerksam gemacht hatte, dass er damit nur zeigen wolle, wie weit man mit der Verkleinerung höchstens gehen könne.

Die dritte Aufgabe zielte auf die Herstellung eines den Bedürfnissen der Leuchtgasanstalten angepassten, mit den neuesten und besten Apparaten versehenen, hand-

---

[1]) S. Journ. f. Gasbel. u. Wasservers. Bd. 36 S. 341 (1893).

lichen Photometerbockes. Es wurde für dessen Entwurf eine Untercommission niedergesetzt.

Die Lichtmess-Commission stellt demgemäss an die XXXIII. Jahresversammlung des Vereins in Dresden im Jahre 1893 folgende Anträge:[1)]

1. Die Lichtmess-Commission wird beauftragt, ihre Arbeiten in begonnener Weise fortzusetzen und wird ihr dafür
2. ein Credit von M. 1000 aus der Vereinskasse für das Jahr 1893/94 bewilligt.
3. An alle Mitglieder des Hauptvereins und der Zweigvereine, sowie an alle bekannten Lichtcontrollbehörden soll ein Abzug der in No. 18 des Journals für Gasbeleuchtung erschienenen Beglaubigungsvorschrift und Gebrauchs-anweisung der Hefnerlampe gesandt werden, um den baldigen allgemeinen Gebrauch des Hefnerlichtes als Lichteinheit herbeizuführen.
4. Als Symbol für die Einheit »Hefnerlicht« wird das Zeichen
$$HfL$$
angewandt.

Ueber den letzten Antrag entspann sich eine kurze Debatte, im Verlaufe welcher Herr Hofrath Dr. Bunte als Symbol das Zeichen
$$Hfl$$
vorschlug; die Lichtmess-Commission schloss sich diesem Antrag an. Mit dieser Aenderung des Antrages 4 wurden die Anträge der Lichtmess-Commission einstimmig angenommen.

Entsprechend der Sachlage, durch welche die Lichteinheit der Hefnerlampe nunmehr gesichert war, erliess der Vorsitzende der Lichtmess-Commission folgende Bekanntmachung:

> Hefnerlampen zur Lichtmessung, geprüft und beglaubigt durch die Physikalisch-technische Reichsanstalt in Charlottenburg, sind zu beziehen von A. Krüss, Hamburg, Adolphsbrücke 7, und Siemens & Halske, Charlottenburg, Salz-Ufer 11/14.
>
> Vorschriftsmässiges Amylacetat für Hefnerlampen ist zu beziehen durch C. F. A. Kahlbaum, Berlin S. O., Schlesische Strasse. Um den Bezug brauchbaren Amylacetats zu erleichtern, hat es der Deutsche Verein von Gas- und Wasserfachmännern übernommen, geeignetes Amylacetat von genannter Firma in genügender Menge zu beziehen, die vorschriftsmässige Beschaffenheit desselben genau zu prüfen und zu bescheinigen und durch seine Geschäftsstelle (Hofrath Dr. H. Bunte in Karlsruhe) in plombirten Flaschen (von 1 Liter Inhalt an) abzugeben.

> Im Auftrage der Lichtmess-Commission:
> Simon Schiele, Frankfurt a. M., z. Zt. Vorsitzender.

Es wurden sodann an alle Mitglieder des Hauptvereins und der Zweigvereine, sowie an alle bekannten Lichtcontrolstellen ein Abzug der Beglaubigungsvorschrift und der Gebrauchsanweisung für die Hefnerlampe versandt. —

Die zu dem Zwecke eingesetzte Unter-Commission, bestehend aus Herrn Dr. Krüss und Herrn Director Kümmel, arbeitete einen Entwurf für eine in der Praxis der Gasindustrie handliche und zweckmässige Photometerbank aus und reichte

---

[1)] Journ. f. Gasbel Bd 36 S. 450 (1893).

denselben bei der Lichtmess-Commission ein, kurz vor der Abreise W. Kümmel's nach Chicago, wo er am 19. Juli 1893 aus dem Leben schied.'

Auf der XXXIV. Jahresversammlung im Jahre 1894 in Karlsruhe konnte noch kein fertiger Apparat vorgelegt werden, da eine vollkommene Verständigung über den damit zu verbindenden und zu empfehlenden Photometerkopf unter den Commissionsmitgliedern noch nicht herbeigeführt worden war.[1]

Für Kümmel wurde auf dieser Versammlung Herr Director L. Mitgau-Braunschweig zum Mitgliede der Lichtmess-Commission gewählt und die Commission beauftragt, ihre Arbeiten fortzusetzen.

Auf derselben Versammlung gab Herr Dr. Brodhun als Vertreter der Physikalischtechnischen Reichsanstalt einen kurzen Rückblick über die seitherige Thätigkeit der Reichsanstalt auf dem Gebiete der technischen Photometrie[2], welche durch die Beglaubigung der Hefner-Lampe und der Construction des Gleichheits- und Contrast-Photometers zu einen gewissen Abschluss gekommen sei. Wenn letzteres Photometer auch das empfindlichere sei, so genüge für die Praxis doch vollkommen das Gleichheitsphotometer, zumal da seine Handhabung leichter ist.

Nach erfolgter Fertigstellung der nach dem Entwurfe der Unter-Commission hergestellten Photometerbank wurde dieselbe in einer Sitzung der Lichtmess-Commission im August 1894 in Berlin und nach Abänderung einiger Punkte in einer zweiten im März 1895 in Frankfurt a/M. eingehend geprüft und gut befunden.

In letzterer Sitzung wurde auch die von der im Jahre 1893 stattgefundenen Versammlung von Gasanstalts-Chemikern aufgestellte Frage nach einem für Versuchs-Apparate geeigneten Hohlkopfbrenner in Erwägung gezogen. Es handelt sich um einen solchen Brenner, welcher für einen Gasverbrauch von 113 l (4 cbf engl.) bis zu 180 l (6 cbf. engl.) der vortheilhafteste ist. An 42 Gasanstalten wurde das Ersuchen um Einsendung von Muster solcher Brenner gebeten, welche bei ihnen im Gebrauche sind und sich bewährt haben.

Auf der XXXV. Jahresversammlung im Jahre 1895 in Köln wurde die Photometerbank seitens der Lichtmess-Commission vorgeführt[3] und zur Benützung empfohlen, sowie folgende Anträge gestellt:

1. Das von der Lichtmess-Commission zusammengestellte Photometer wird gut geheissen und empfohlen.
2. Die Beaufsichtigung der Vereins-Paraffinkerzen weiter zu besorgen wird Herr Director Thomas (Zittau) ersucht.
3. Der Lichtmess-Commission wird anheim gegeben, einen zusammenfassenden Bericht über ihre Arbeiten abzufassen und
4. Es werden ihr für ihre Weiterarbeiten M. 600.— für das Jahr 1895/96 aus der Vereinskasse zur Verfügung gestellt,

welche Annahme fanden.

An Stelle des im Februar 1895 verstorbenen Mitgliedes der Commission Herrn Director Fischer-Berlin, wurde Herr Dr. W. Leybold-Hamburg gewählt und die Commission ausserdem durch Herrn Director E. Merz-Cassel verstärkt.

Durch das bald nach dieser Jahresversammlung erfolgte Ableben Simon Schiele's wurde die Herstellung des beschlossenen Berichtes verzögert, inzwischen erweiterte

---

[1] Journ. f. Gasbel. Bd. 37 S. 633 (1894).
[2] Journ. f. Gasbel. Bd. 37 S. 425 (1894).
[3] Journ f. Gasbel. Bd. 38 S. 690 (1895).

aber die Lichtmess-Commission, welche an Stelle Schiele's, Herrn Director Thomas zum Vorsitzenden gewählt hatte, den Plan des Berichtes dahin, denselben auszudehnen bis zu dem Anfang der Arbeiten auf dem Gebiete der Lichtmesskunst in den Kreisen der Gasfachmänner, wie er gegeben ist in dem am 16. October 1865 erfolgten Zusammentritt von Gasfachmännern, Gelehrten und Vertretern von Stadtverwaltungen zum Zwecke der Besprechung von Messversuchen in der Gastechnik.

Dieser Vorschlag wurde auf der XXXVI. Jahresversammlung im Jahre 1896 in Berlin gut geheissen.[1])

Die Arbeiten der Lichtmess-Commission haben endlich einen sehr wünschenswerthen Abschluss dadurch gewonnen, dass auch in elektrotechnischen Kreisen die Hefnerlampe als Lichteinheit angenommen worden ist und zwar sogar als internationale Lichteinheit durch den Beschluss des internationalen Elektrotechniker-Congresses, der im August 1896 in Genf stattfand.[2]) Während die Elektrotechniker in ihren bisherigen Berathungen über diese Frage die von Violle vorgeschlagene Platineinheit, d. h. die von 1 qcm Oberfläche Platin im Augenblicke des Erstarrens ausgestrahlte Lichtmenge als Lichteinheit angenommen hatten, hat man vornehmlich wohl durch die bezüglichen Arbeiten der Physikalisch-technischen Reichsanstalt auch in jenen Kreisen eingesehen, dass die Violle'sche Einheit für die Technik unbrauchbar ist.

Es hat dann am 15. März 1897 eine Besprechung der Lichtmess-Commission mit Vertretern des Elektrotechnischen Vereins in Berlin stattgefunden, in welcher eine vollständige Einigung über die Frage der Lichteinheit und einige andere damit zusammenhängende Grössen, die bei der Lichtmessung in Betracht kommen, im Wesentlichen auf Grund der Genfer Beschlüsse erzielt wurde. Dabei musste die Lichtmess-Commission, wenn auch mit schwerem Herzen, so doch in dem Bewusstsein, damit der internationalen Einigung entgegenzukommen, auf die Bezeichnung »Hefnerlicht« verzichten und auch ihrerseits dafür die Bezeichnung »Hefnerkerze« annehmen. Es wurde die folgende Tabelle über Namen, Symbole, Einheiten und deren abgekürzte Bezeichnungen vereinbart, welche dem Elektrotechniker-Vereine und dem Deutschen Verein von Gas- und Wasserfachmännern zur Annahme empfohlen werden soll.

Der wesentliche Theil dieser Vereinbarung ist jedenfalls die Festsetzung, dass die Einheit der Lichtstärke durch die in horizontaler Richtung bei der Hefner-Lampe vorhandene Lichtstärke dargestellt werden soll.

Die vereinbarte Tabelle lautet:

Grösse		Einheit	
Name	Symbol	Name	Zeichen
Lichtstärke . . .	J	Kerze (Hefner-Kerze)	HK
Lichtstrom . . .	$\Phi = J\omega = \dfrac{J}{r^2} S$	Lumen	Lm
Beleuchtungsstärke	$E = \dfrac{\Phi}{S} = \dfrac{J}{r^2}$	Lux (Meter-Kerze)	Lx
Flächenhelle . .	$e = \dfrac{J}{s}$	Kerze auf 1 qcm	—
Lichtabgabe . . .	$Q = \Phi T$	Lumenstunde	—

[1]) Journ. f. Gasbel. Bd. 39 S. 619 (1896).
[2]) Elektr. Ztschr. Bd. 17 S. 531 (1896) u. Journ. f. Gasbel. Bd. 39 S. 682 (1896).

Dabei bedeutet

ω einen räumlichen Winkel,

S eine Fläche in qm; s eine Fläche in qcm,
  beide senkrecht zur Strahlenrichtung,

r eine Entfernung in Metern,

T eine Zeit in Stunden.

Zu dieser Tabelle ist noch Folgendes zu bemerken.

Unter Lichtstrom versteht man die gesammte innerhalb eines räumlichen Winkels von einer Lichtquelle ausgestrahlte Lichtmenge, oder die gesammte Lichtmenge, welche eine Fläche S empfängt, die sich in der Entfernung r von der Lichtquelle befindet. Denkt man sich als diese Fläche S die Innenfläche einer Kugel vom Radius r, so stellt der Lichtstrom die gesammte von einer Lichtquelle ausgestrahlte Lichtmenge dar. Die Einheit des Lichtstromes wird dargestellt durch diejenige Lichtmenge, welche von einer Lichtquelle, die die Lichtstärke $J = 1$ HK besitzt, innerhalb des räumlichen Winkels $\omega = 1$ oder auf eine Fläche von $S = 1$ qm, welche sich in der Entfernung $r = 1$ m befindet, ausgestrahlt wird. Diese Einheit des Lichtstromes wird mit $\Phi = 1$ Lumen bezeichnet.

Die Stärke der Beleuchtung einer Fläche E wird in Lux (Lx) gemessen, eine Grösse, welche dieselbe Bedeutung und Grösse hat, wie die bisher bereits übliche Grösse der Meter-Kerze. Sie wird dargestellt durch die Grösse des Lichtstromes im Verhältniss zur Grösse der bestrahlten Fläche in Quadratmeter oder durch die Grösse der Lichtstärke im Verhältniss zum Quadrate des Abstandes der Fläche von der Lichtquelle.

Dagegen bedeutet die Flächenhelle e die Helligkeit einer Fläche, ausgedrückt in Kerzen auf 1 qcm. Während man bei der Beleuchtungsstärke unter einer Meterkerze eine solche Beleuchtung versteht, wie sie eine Fläche durch eine in der Entfernung von einem Meter von ihr aufgestellte Kerze empfängt, bildet bei der Flächenhelle diejenige Helligkeit einer Fläche die Einheit, die so beschaffen ist, dass 1 qcm derselben eine Helligkeit von einer Kerze aussendet. Die Flächenhelle ist also, falls die Fläche ihre Helligkeit von aussen empfängt, nicht nur abhängig von der Helligkeit der beleuchtenden Lichtquelle und ihrer Entfernung von der Fläche, sondern auch von der Oberflächenbeschaffenheit der letzteren; die Flächenhelle kommt aber vor Allem auch in Betracht bei selbstleuchtenden Körpern, wie den Kohlenfäden der elektrischen Glühlampen oder der leuchtenden Oberfläche der Glühstrümpfe der Gasglühlichtbrenner. Aus letzterem Grunde konnte man hier nicht 1 qm als Flächeneinheit benutzen, sondern musste 1 qcm dazu wählen.

Die letzte Festsetzung über die Lichtabgabe Q bezieht sich auf die in bestimmter Zeit von einer Lichtquelle gelieferten Lichtmenge.

Sobald diese Vereinbarungen von Seiten der beiden betheiligten Vereine genehmigt sein werden, wird wenigstens für Deutschland in den an der praktischen Lichtmessung betheiligten technischen Kreisen eine vollkommene Einigkeit in Bezug auf die Lichteinheit auf Grundlage der Hefnerlampe vorhanden sein derart, dass damit auch eine Uebereinstimmung mit den betheiligten Kreisen des Auslandes herbeigeführt ist.

Mitglieder der Lichtmess-Commission:

———

1865 Commission der freiwilligen Vereinigung für Feststellung von Normen
bei Ermittelung der Leuchtkraft des Gases:

      Stadtbaumeister Kreissig-Mainz,

      Jacob Merkens-Cöln,

      Dr. Schirm-Wiesbaden,

      Beleuchtungsinspector Boudin-Mainz,

        »   »   Desaga-Heidelberg,

      Chemiker Director Dr. Bothe-Saarbrücken,

      Physiker Prof. Rapp-Freiburg i. Br.,

      N. H. Schilling-München,

      Simon Schiele-Crefeld (Vorsitzender).

1868 Lichtmess-Commission, eingesetzt vom Gasfachmänner-Verein:

      S. Schiele-Frankfurt a. M.,

      S. Elster-Berlin,

      E. Grahn-Essen.

    Beigewählt:

1869 . . . . W. Kümmel-Hildesheim,

      A. Thomas-Zittau.

1870 . . . . E. Rudolph-Cassel.

1872 Kerzen-Commission:

      A. Thomas-Zittau,

      H. F. Ziegler-Hanau,

      E. Rudolph-Cassel.

1879 . . . . S. Schiele-Frankfurt a. M.

1880 . . . . R. Hornig-Görlitz,

      Th. Meyer-Crefeld

      C. J. Hanssen-Flensburg   } zu Versuchen mit Methven-Einheit

      C. Kohn-Frankfurt a. M. | beigewählt.

1883 . . . . S. Elster-Berlin,

      C. Grahn-Essen,

      W. Kümmel-Altona,

      Dr. H. Bunte-München.

1884 Lichtmess- (und Kerzen-) Commission:

S. Schiele-Frankfurt a. M. († 1895; von 1888—1895 Vorsitzender),
E. Grahn-Essen (bis 1888),
Dr. H. Bunte-München,
E. Rudolph-Cassel (bis 1890),
W. Kümmel-Altona († 1894),
R. Hornig-Görlitz (bis 1890),
S. Elster-Berlin († 1891),
A. Thomas-Zittau (Vorsitzender von 1884—1888 und von 1896 an).

1887 . . . . . Dr. Hugo Krüss-Hamburg.

1888 . . . . . A. Fischer-Berlin († 1895).

1894 . . . . . L. Mitgau-Braunschweig.

1895 . . . . . Dr. W. Leybold-Hamburg.
                 E. Merz-Cassel.

1896 . . . . . Ludwig Schiele - Frankfurt a. M.

II.

Arbeiten über die Lichteinheit.

II. Arbeiten über die Lichteinheit.

Die Arbeiten, welche innerhalb des Deutschen Vereins von Gas- und Wasser-fachmännern, wesentlich durch seine Kerzen-, bezw. Lichtmesscommission, und auch ausserhalb des Vereins, aber angeregt durch seine Arbeiten in den ersten Jahrzehnten, über welche sich dieser Bericht erstreckt, ausgeführt wurden, beziehen sich fast aus-schliesslich auf die Benutzung von Kerzen als Lichteinheit und es ist diesen Arbeiten denn auch der Erfolg geworden, die Anzahl der verschiedenen Arten von Kerzen, die in der Gastechnik an den verschiedenen Orten nicht nur im Gebrauch, sondern vorgeschrieben waren, zu verringern und namentlich in der Vereinsparaffinkerze eine solche Lichteinheit zu schaffen, die durch die Sorgfalt, welche auf die Gleichmässig-keit ihrer Herstellung verwendet wurde, thatsächlich das Vertrauen der Interessenten verdiente und sich erwarb.

Welche Buntscheckigkeit in Beziehung auf die zu Lichtmessungen verwendeten Kerzen noch Ende der sechziger Jahre herrschte, zeigte eine Zusammenstellung, die allerdings auf Vollständigkeit noch nicht einmal Anspruch macht. Darnach waren im Gebrauch:[1]

In Stuttgart, Karlsruhe, Aschaffenburg, Heilbronn, Augsburg, Nürnberg, Offen-bach, Wiesbaden, München

Wachskerzen 4 auf 1 Pfund.

In Altona, Cassel, Frankfurt a. O., Hamburg, Hanau, Mülheim a. d. Ruhr, Olden-burg, Potsdam, Schwerin

Wachskerzen 6 auf 1 Pfund und etwa 13 Zoll lang.

In Berlin, Danzig, Hannover, Stettin, Tilsit

Spermacetikerzen von 120 g Materialverbrauch 6 auf 1 Pfund.

In Frankfurt a. M., Erfurt

Spermacetikerzen 4 auf 1 Pfund.

In neueren Gasverträgen häufig Stearinkerzen und zwar entweder 4 oder 6 auf 1 Pfund.

Es war deshalb nicht zu verwundern, dass schon früher Vorschläge auftauchten, die Kerzen ganz zu beseitigen und durch andere Lichtquellen zu ersetzen.

In einem auf der Jahresversammlung im Jahre 1863 gehaltenen Vortrage[2] hob G. M. S. Blochmann jr. hervor, dass die bisher gebrauchten Normalkerzen ein sehr

---

[1] Journ. f. Gasbel. Bd. 12 S. 56 (1869).
[2] Journ. f. Gasbel. Bd. 6 S. 214 (1863).

trauriger Nothbehelf seien, da Fehler von 25 und selbst 50 °/o nicht zu den Selten-
heiten gehörten. Auch Lampen, obgleich um vieles sicherer als Kerzen, seien zu
vielen Zufälligkeiten hinsichtlich der Beschaffenheit des Oeles und des Dochtes, der
Regelmässigkeit des Luftzutrittes u. s. w. unterworfen, um als hinlänglich zuverlässig
zu erscheinen.

Blochmann schlug deshalb als Normalflamme ein völlig nicht leuchtendes Gas,
am besten Wasserstoff mit einem genau bestimmten Verhältniss eines chemisch reinen
Kohlenwasserstoffes gemischt vor. Man erhalte so ein Leuchtgas von stets gleicher
Beschaffenheit, welches, wenn es unter constantem Druck aus einer unveränderlichen
Oeffnung ausströmt, jederzeit die gleiche Lichtmenge liefern muss. Als leuchtenden
Kohlenwasserstoff wählte er das Benzol, welches leicht rein zu erhalten und als
Flüssigkeit genau abgewogen oder gemessen werden kann. Er benutzte ein Gemisch
von Wasserstoff und Benzol, welches den Dampf von 3 Volumprocenten Benzol ent-
hält, und liess dasselbe aus einem kreisförmigen Ausschnitt in einem Platinblech
ausströmen.

Desgleichen wurde auf der ersten Versammlung der Gasconsumenten am
14. Oktober 1865 in Mainz betont[1]), dass es am besten sei, wenn Gas gegen Gas verglichen werde, wie in dem damals üblichen Bunsen'schen Photometer.

Die im Gehäuse des von Desaga gelieferten echten Bunsen'schen Photometers
befindliche Vergleichsgasflamme wird in ihrer Helligkeit auf die Lichteinheit eingestellt.
Um nun etwaige Schwankungen durch Druckänderungen beobachten und ausgleichen
zu können, empfiehlt Reissig[2]), die Flammenhöhe dieser Vergleichsflamme zu messen.
Diese Messung geschieht durch Anbringung einer Glasplatte mit Millimethertheilung
innerhalb des Gehäuses, welche durch eine feine Oeffnung betrachtet wird, derartig,
dass sich die Flamme auf die Theilung projicirt.

In derselben Versammlung wurde der Vorschlag gemacht, Elaylgas (Aethylen)
zur Vergleichsflamme zu benutzen, was aber keinen Beifall fand.

Man war eben doch auf die Kerzen angewiesen, wenn man sich auch über deren
Fehler und Nachtheile schon lange ganz klar war.

Nach Prof. Heeren[3]) betragen die Schwankungen in der Leuchtkraft beim ungestörten Brennen:

bei einer Walrathkerze . . . 34 °/o,
»   » Wachskerze . . . 30 »
»   » Stearinkerze . . . 27 »
»   » Paraffinkerze . . . 36 »

Das Resultat jener ersten Besprechung in Mainz war etwa das folgende:

Bei Walrathkerzen sei der Process der Verbrennung sehr ungeich, Stearinkerzen
seien am constantesten.

Der Docht ist zu berücksichtigen.

Nicht nur die Höhe der Flamme, sondern auch der Querschnitt derselben muss
bestimmt werden.

Es muss eine Fabrik zur Herstellung von Kerzen bestimmt und das Fabrikat
controllirt werden; als Material wird Stearin festgesetzt.

— — —

[1]) Journal für Gasbeleuchtung Bd. 9 S. 17 (1866).
[2]) Journ. f. Gasbel. Bd. 7 S. 49 (1864).
[3]) Journ. f. Gasbel. Bd. 4 S. 250 (1861).

Zwei Kerzen neben einander geben in Folge der gegenseitigen Erwärmung viel mehr Helligkeit als das Doppelte einer Kerze; desshalb ist das in England übliche Verfahren der gleichzeitigen Benutzung zweier Kerzen nicht anzurathen.

In der zweiten Versammlung in Dortmund am 22. Mai 1867[1]) legte Dr. Schilling Normalkerzen aus Stearin vor, nach Angabe des Herrn Prof. Pettenkofer in der Millykerzenfabrik des Baron v. Beck in München hergestellt.

Elster-Berlin, Leonhardt-Bremen und Ziegler-Hanau sprachen sich für die Walrathkerzen aus.

Um wenigstens in einer Richtung eine Einigkeit herbeizuführen, wurde beschlossen, dass 6 Kerzen auf 1 Zollpfund gehen sollen.

Das Putzen sollte nicht nöthig sein, da das Material in solchem Verhältniss zum Dochte stehen muss, dass letzterer vollständig verbrennt.

Elster hat gefunden, dass bei der Walrathkerze die auf den Normalverbrauch reducirte Helligkeit um 2—3% in der Helligkeit schwankt, bei Stearinkerzen aber um 5%.

Auf der VIII. Hauptversammlung in Stuttgart im Jahre 1868 hielt S. Elster[2]) einen Vortrag über die Intensität der Gas-, Kerzen- und Lampenlichter, verglichen mit dem elektrischen und Drummond'schen Licht, in welchem er hervorhob:

Die Höhe der Flamme bietet das genaueste Maass für die Lichtschwankungen. Es sollte also nur bei der richtigen Flammenhöhe photometrirt werden und nicht bei anderer Flammenhöhe die Helligkeit auf den Materialverbrauch reducirt werden.

Er führte ferner aus, dass
1 Stettiner Stearinkerze von 9 g Verbrauch = 1 Engl. Normal-Walrathkerze von
120 grains,
1 Münchener 6er Stearinkerze von 10 g Verbrauch = 1¹/₂ Engl. Normal-Walrathkerze,
1 Carcelllampe von 42 g Verbrauch = 7 Engl. Normal-Walrathkerzen sei.

In einem Vortrage im Verein für Gewerbefleiss in Berlin[3]) sagte derselbe, dass von allen Kerzen die Paraffinflamme den dünnsten Docht erfordere, und da dieser der Störenfried der normalen Verbrennung sei, so bilde die Paraffinkerze die beste Normalkerze, die für photometrische Zwecke besonders anzufertigen sei und zwar mit einem Verbrauch von 7 g pro Stunde und einer Flammenhöhe von 46 mm, um mit der englischen Spermacetikerze von 7,7 g Verbrauch übereinzustimmen.

In vollständiger Uebereinstimmung hiermit hob der auf der Versammlung im Jahre 1869 in Dortmund erstattete Commissionsbericht als Hauptmomente für die Benutzung von Kerzen hervor:[4])

1. Die Flammenhöhe bei normaler Verbrennung ist das genaueste Maass für die Leuchtkraft der Kerzen.

2. Die normale Verbrennung erfolgt von dem Momente ab, wo der Docht in die oxydierende Zone der Flamme eintritt und zu glimmen beginnt bis zu dem Punkte, wo er aus der Flamme austritt. Jeder Luftzug stört die normale Verbrennung.

3. Die bei normaler Verbrennung resultirende Flammenhöhe ist proportional der Leuchtkraft und dem Consum.

---

[1]) Journal für Gasbeleuchtung Bd. 10 S. 238 (1867).
[2]) Journ. f. Gasbel. Bd. 11 S. 287 (1868).
[3]) Journ. f. Gasbel. Bd. 12 S. 168 (1869).
[4]) Journ. f. Gasbel. Bd. 12 S. 363 (1869).

4. Von den zu Lichtmessungen üblichen Kerzen, als Wachs-, Stearin-, Walrath- und Paraffinkerzen ergaben die längste Periode normaler Verbrennung die Paraffinkerzen.

Angeregt durch diese im Schoosse des Gasfachmänner-Vereins in Fluss gebrachte Fragen machte Prof. Rüdorff-Berlin sehr eingehende und sorgfältige Untersuchungen über die verschiedenen Photometerkerzen:[1]

Zunächst untersuchte er, inwieweit die Flamme einer und derselben Kerze eine constante Höhe zeigt. Zu dem Ende wurde die Kerze dicht vor einem Millimeter-maassstabe aufgestellt und die Flammenhöhe mittels eines Fernrohres gemessen, da beim Messen durch einen Zirkel ein Flackern unvermeidlich ist. Es wurde, nach-dem die Kerze vorher 20 Minuten lang ungehindert gebrannt hatte, die Flammenhöhe von Minute zu Minute gemessen. Nach je 5 Beobachtungen trat eine Pause von 15 Minuten ein, während welcher die Kerze ruhig weiter brannte.

Die beobachteten Flammenhöhen schwankten zwischen folgenden Grenzen:

Walrathkerzen in Benutzung der städtischen Gasanstalten in Berlin.

    1. Kerze . . . . 51 und 55 mm
    2. Kerze . . . . 49 » 51 »
    3. Kerze . . . . 51 » 56 »
    Kerze, vor 4 Jahren bezogen . . . . 45 » 52 »

Stearinkerzen, Münchener Probekerzen, Sechser.

    1. Kerze . . . . 50 und 54 mm
    2. » . . . . 52 » 57 »
    3. » . . . . 51 » 54 »

Stearinkerzen, dieselbe Sorte, Vierer.

    1. Kerze . . . . 55 und 58 »
    2. » . . . . 53 » 58 »

Stearinkerzen von Motard in Berlin, Sechser

    1. Kerze . . . . 50 und 53 mm
    2. » . . . . 49 » 53 »
    3. » . . . . 54 » 56 »

Stearinkerzen von Röckl in München, Sechser

    1. Kerze . . . . 53 und 55 mm
    2. » . . . . 52 » 56 »

Paraffinkerzen von Dr. Hübner, Zeitz, Vierer

    1. Kerze . . . . 46 und 60 mm
    2. » . . . . 48 » 55 »

Paraffinkerzen derselben Sorte, Sechser

    1. Kerze . . . . 46 und 54 mm

Paraffinkerze beste in Berlin käufliche, Sechser

    1. Kerze . . . . 62 und 76 mm
    2. » . . . . 50 » 59 »

Wachskerze Aachener Probekerze, Sechser

    1. Kerze . . . . 55 und 69 mm.

Diese Zahlen zeigen die Extreme zwischen denen sich die Flammenhöhen bewegen. Wenn man annimmt, dass mit der Aenderung der Flammenhöhe auch eine Aende-rung der Helligkeit eintritt, so geht aus diesen Messungen hervor, dass eine

---

[1] Journ. f. Gasbel. Bd. 12 S. 567 (1869).

Kerzenflamme bei freiem Brennen keine constante Einheit für photometrische Messungen sein kann.

Durch Vergleich mit der Helligkeit eines Argandbrenners, von dessen Flamme nur der mittlere Theil benutzt wurde, stellte Rüdorff fest, dass die Kerzen bei freiem Brennen eben solche Schwankungen in der Lichtstärke zeigen, wie sie dieses in Bezug auf ihre Flammenhöhe thun, so dass von den untersuchten Kerzen sich keine bei freiem Brennen als Einheit von auch nur annähernder Constanz ergab.

Es entstand nunmehr die Frage in wie weit eine Kerze, deren Flammenhöhe eine ganz bestimmte ist, als constant angesehen werden kann. Da sich bei freiem Brennen keine, während einer längeren Zeit constante Flammenhöhe erkennen liess, so entschloss sich Rüdorff, durch Putzen des Dochtes eine constante Flammenhöhe herzustellen. Als solche wählte er, der englischen Vorschrift entsprechend, 44,5 mm.

Bei einer grösseren Anzahl von Versuchen betrugen dann die Schwankungen in der Helligkeit

bei den Walrathkerzen, Sechser . . . . 2,3 %
» » Münchner Stearinkerzen, Sechser . . . . . 1,4 »
» » Stearinkerzen von Motard, Sechser . . . . 2,2 »
» » Paraffinkerzen von Hübner, Sechser . . . 4,3 »
» » » » » Vierer . . . . 7,7 »

so dass also die untersuchten Paraffinkerzen zu photometrischen Zwecken am wenigsten geeignet erschienen. Rüdorff vermuthet, dass die geringe Constanz der Paraffinkerzen vorzugsweise in der Beschaffenheit des sehr dünnen Dochtes liege bei welchem auch die geringste Ungleichheit im Verhältniss zum ganzen Docht von viel erheblicherem Einfluss ist als bei dickerem Docht. Bei dem dünnen Dochte war es auch ganz unerreichbar, dass der abgeschnittene Docht stets senkrecht in der Mitte der Flamme stand. Es kann ein Unterschied in der gemessenen Helligkeit von 4 % entstehen, wenn einmal der gekrümmte Docht mit seiner glühenden Spitze dem Photometerschirme zugewandt ist, oder wenn er das andere Mal in paralleler Ebene mit dem Papierschirm liegt.

Ueber die relative Lichtstärke der verschiedenen Kerzen bei derselben Flammenhöhe von 44,5 mm ergaben sich für Rüdorff aus seinen Beobachtungen die folgenden Zahlen:

Stearinkerzen von Motard 15,0
» » München 14,9
Walrathkerzen 13,8
Paraffinkerzen, Sechser 13,7
» Vierer 13,8

Die Lichtstärke der Kerzen verschiedenen Materials zeigte sich also bei gleicher, Flammenhöhe verschieden.

Eine Reduction der Lichtstärke nach dem Consum, wie die englische Vorschrift es verlangt, hält Rüdorff für ganz unzulässig, denn es ist durch keinerlei Versuche bisher nachgewiesen, dass die Leuchtkraft proportional dem Consum sei. Aus Versuchen von J. H. Schilling[1] über die Beziehung zwischen Lichtstärke und Gasconsum eines Schnittbrenners geht hervor, dass die Lichtstärke in viel stärkerem Maasse zunimmt als der Verbrauch. Das gleiche Ergebniss hat Rüdorff mit einem

---

[1] Journ. f. Gasbel. Bd. 3 S. 241 (1860).

Einlochgasbrenner erhalten und ist geneigt, dieses Resultat auf die Kerzen zu übertragen.

Immerhin mag man einen bestimmten Consum der freibrennenden Kerze als eine ihrer charakteristischen Eigenschaften ansehen, aber es ist ganz gleichgültig, welchen Consum die Kerze während des Photometrirens zeigt, wenn nur das eine ausser Zweifel gestellt werden könnte, dass diese Kerze bei einer bestimmten Flammenhöhe eine hinreichend constante Lichtstärke besitzt.

Rüdorff schloss hieran eingehende Untersuchungen über den Schmelzpunkt des Kerzenmaterials und wies nach, dass man in der Bestimmung des Erstarrungspunktes ein schätzbares Mittel besitzt, um die Beschaffenheit des Kerzenmaterials zu controliren, da selbst kleine Zusätze die Erstarrungstemperatur wesentlich verändern. Es erscheine deshalb zweckmässig, einen bestimmten Erstarrungspunkt unter die Eigenschaften der Normalkerzen aufzunehmen.

In einer dritten Fortsetzung seiner photometrischen Studien liess Rüdorff[1]) einige vergleichende Messungen folgen, welche er mit einer Reihe der in verschiedenen Städten Deutschlands bei photometrischen Beobachtungen als Einheit dienenden Kerzen angestellt hatte und zwar bei sämmtlichen Kerzen zunächst bei freiem Brennen und dann bei den Kerzen, bei welchen Vorschriften über Flammenhöhe vorhanden waren, bei dieser bestimmten Flammenhöhe. Die Resultate sind die Mittelzahlen aus einer grossen Anzahl von Beobachtungen bezogen auf einen Gasargandbrenner:

1. Aachen, Wachskerze 16,3
2. Berlin, Walrathkerze 16,1
3. Crefeld, Wachskerze 15,1
4. Dessau, Luckenwalde, Hagen, Nordhausen, Gotha, Wachskerze 14,7
5. Deutsche Paraffinkerze von Dr. Hübner, Vierer 13,3
    »   »   »   »   » Sechser 12,9
6. Erfurt, Walrathkerze 15,2
7. Frankfurt a/M., Wachskerze 12,9
    »   »   Walrathkerze 16,2
8. Frankfurt a/O., Gladbach, Mühlheim a/R., Wachskerze . . . 16,6
9. Hamburg, Wachskerze 16,3
10. Krakau, Lemberg, Wachskerze 19,4
11. Magdeburg, Wachskerze 14,4
12. Mainz, Wachskerze 13,3
13. München, Stearinkerze 13,3
14. Potsdam, Wachskerze 14,9
15. Berlin, Walrathkerze bei 1¼ Zoll engl. Flammenhöhe . . . 15,0
16. Aachen, Wachskerze bei 1¾ Zoll Flammenhöhe 16,5
17. Magdeburg, Wachskerze bei 1⅝ Zoll Flammenhöhe 15,5

Diese Messungen zeigten, dass es bis jetzt vollkommen unmöglich war, auch nur annähernd die in verschiedenen Städten vorgenommenen photometrischen Beobachtungen mit einander zu vergleichen. Des weiteren macht Rüdorff darauf aufmerksam, dass die Schwankungen in der Helligkeit bei den Wachskerzen einen so hohen Grad erreichen, dass es sehr zweifelhaft erscheine, ob man überhaupt von einer bestimmten Helligkeit einer Wachskerze reden könne.

---

[1]) Journ. f. Gasbel. Bd. 13 S. 315 (1870).

Die Lichtmess-Commission hatte seit dem Jahre 1867 Versuche mit Kerzen in Bezug auf ihre Brauchbarkeit zu photometrischen Zwecken angestellt und anstellen lassen und berichtete ausführlich über dieselben an die Hauptversammlung des Vereins deutscher Gas- und Wasserfachmänner im Jahre 1871[1]. Nach derselben schienen selbst die mit ganz ausserordentlicher Sorgfalt in München angefertigten Stearinkerzen kein geeignetes Normalmaass für die Lichtmessung zu liefern. Die gewöhnlichen Stearinkerzen des Handels ergaben naturgemäss noch schlechtere Resultate, wogegen einzelne besonders sorgfältig ausgesuchte Walrath- und Paraffinkerzen in der Gleichförmigkeit ihres Consums und der Flammenhöhe den Münchner Stearinkerzen überlegen erschienen. In Folge dessen wandte man sich den Paraffinkerzen zu, welche im Auftrage der Commission von einer der bestrenommirtesten Fabrik hergestellt wurden. Besondere Versuche befassten sich mit der Frage, aus wie viel Fäden der Docht der Paraffinkerzen am besten zu bestehen hätte, es wurden solche mit 18, 21, 24, 27, 30, 33 und 36 Fäden untersucht und 24 Fäden als das Beste festgestellt.

Die mitgetheilten Versuche verbreiten sich in sehr ausführlicher Weise über den Consum, die Flammenhöhe, die Beschaffenheit des brennenden Dochtes, das Abschmelzen des Materials und die Constanz der Lichtaussendung. In jeder Beziehung verdiente die Paraffinkerze von 20 mm Durchmesser mit dem aus 24 Fäden bestehenden Dochte, welcher nicht geputzt zu werden braucht, den Vorzug.

Es würde der Abdruck der Einzelbeobachtungen hier wenig Nutzen haben, deshalb seien nur die Endresultate gegeben.

	Münchner Stearinkerze	4er Paraffinkerze 1870	6er Paraffinkerze 24 fädig 1871
Materialverbrauch pro Stunde.			
Durchschnitt sämmtlicher Beobachtungen	10,92 g	7,277 g	7,708 g
Grösste Abweichung der Einzeldurchschnitte	+ 1,28 »	+ 0,283 »	+ 0,192 »
	− 0,79 »	− 0,327 »	− 0,242 »
Grösste Abweichung der Einzelbeobachtungen	+ 3,08 »	+ 0,793 »	+ 0,592 »
	− 1,07 »	− 0,877 »	− 0,648 »
Flammenhöhe.			
Durchschnitt sämmtlicher Beobachtungen	60,8 mm	—	51,2 mm
Grösste Abweichung der Einzeldurchschnitte	+ 6,6 »	—	+ 3,8 »
	− 8,0 »	—	− 2,7 »
Grösste Abweichung der Einzelbeobachtungen	+ 7,2 »	—	+ 9,8 »
	− 12,8 »	—	− 8,2 »

A. Buhe[2] untersuchte verschiedene Kerzenarten auf ihre Constanz der Lichtentwicklung. Als Vergleichslichtquelle benutzte er dazu einen Gaseinlochbrenner, dessen Helligkeit er gleich der Einheit setzte. Es wurden die Kerzen durch Putzen auf 45 mm Flammenhöhe gebracht. Untersucht wurden Wachskerzen, wie sie im Betriebe der Deutschen Continental-Gasgesellschaft in Dessau contractlich vor-

[1] Journ. f. Gasbel. Bd. 14 S. 526 (1871).
[2] Journ. f. Gasbel. Bd. 15 S. 105 (1872).

geschrieben waren, Walrathkerzen (engl. Parlamentskerze), Stearinkerzen (6 er Münchener) und Paraffinkerzen der Lichtmess-Commission.

Die Resultate waren:

	Wachs	Walrath	Stearin	Paraffin
Durchschnitt . . .	1,148	1,184	1,094	1,165
Grösste Differenz .	0,01	0,04	0,01	0,03

In Bezug auf das Verhältniss der Lichtwirkung der Kerzen untereinander ergibt
sich, wenn man wie Rüdorff den Werth eines Gases mit der Stearinkerze gemessen
= 15 setzt:

	Wachs	Walrath	Stearin	Paraffin
nach Buhe . . .	14,3	13,8	15	14,1
nach Rüdorff . . .	—	13,8	15	13.9

Herr Buhe empfahl demgemäss die Wachskerzen als die besten.

Um vergleichbare Zahlen für die Verhältnisse der Leuchtkräfte der verschiedenen
Normalflammen herzustellen, wurden im Jahre 1877 auf der Münchener Gasanstalt
von Herrn Dr. Schilling entsprechende Versuche gemacht, deren Ergebnisse folgende
waren: [1]

Carcellampe	Englische Walrathkerze	Deutsche Vereins-Paraffinkerze	Münchener Paraffinkerze
1,000	7,435	7,607	6,743
0,134	1,000	1,023	0,907
0,132	0,977	1,000	0,887
0,148	1,102	1,128	1,000

In den Jahren 1878—1880 tauchten namentlich in England mehrere Vorschläge
auf, einen durch eine Oeffnung in einem undurchsichtigen Schirm aus einer Flamme
herausgeschnittenen mittleren Theil desselben als Normalflamme zu benutzen, da
selbst bei Veränderung des Brennstoffes in gewissen Grenzen die durch solchen
Ausschnitt gelangende Lichtmenge dieselbe bleibe. Auf der Versammlung der British
Association of Gasmanagers 1878 wurden einige dieser Vorrichtungen vorgeführt [2]:

Hierher gehört zunächst H. Vernon Harcourt's Pentanlampe, in welcher ein Gas
von constanter Zusammensetzung, welches aus Luft und dem flüchtigen Kohlen
wasserstoff, Pentan, hergestellt wird, benutzt wird. Der zur Verbrennung dienende
Brenner besteht aus einem Messingrohr von 1 Zoll Durchmesser und 4 Zoll Länge
mit einem ¼ Zoll hohen Spalt.

Ferner zu erwähnen ist die Normallampe von Edgerton [3], welcher Kerosinöl
benützt und vor die Flamme einen Schirm mit einem Loche von 12 mm setzt, wodurch er bei einer Flammenhöhe zwischen 65 und 300 mm nur eine Schwankung
in der Helligkeit von 5% beobachtete.

Am meisten Aufsehen erregte jedoch J. Methven's Vorschlag einer Normalflamme,
da derselbe das Leuchtgas selbst hinter einem Ausschnitt von 1 Zoll Höhe und
¼ Zoll Breite verbrennt und behauptete, dass Gase verschiedener Qualität, deren
Leuchtkraft sich zwischen 15 und 35 Kerzen bewegt, in dem freigelassenen Flammen-
theil eine constante Lichtemission besitzen, vorausgesetzt, dass sie durch ähnliche
Brenner gleich vollständig verbrannt werden.

---

[1] Journ. f. Gasbel. Bd. 20 S. 190 (1877).
[2] Journ. f. Gasbel. Bd. 22 S. 42 (1879).
[3] Journ. f. Gasbel. Bd. 23 S. 138 (1880).

Auf der angeführten Versammlung hob Hartley hervor, dass die Methode der Abblendung bereits von Fiddes herrühre, mit welcher er keine befriedigenden Resultate erhalten habe. Er glaubt desshalb, dass die Kerzen für praktische Zwecke am leichtesten zu behandeln seien und auch deshalb nicht so leicht durch eine andere Lichtquelle ersetzt werden könnten, da sie in allen Verträgen vorkommen.

Auf der XIX. Jahresversammlung des Vereins von Gas- und Wasserfachmännern im Jahre 1879 in Bremen nahm Salzenberg[1]) die Frage der Verwendung von Leuchtgas als Normallicht für Leuchtversuche auf, indem er auf Methven's Vorschlag hinwies und hervorhob, dass bereits 1869 Rüdorff einen Argandbrenner mit davor gesetztem Schirm, welcher den oberen und den unteren Theil der Flamme abblendete, mit Vortheil als Vergleichslichtquelle benützte. In Folge dieser Anregung wurde die Kerzencommission beauftragt, zu untersuchen, inwieweit die Versuche von Methven für die praktische Photometrie von Bedeutung sind.

Ueber solche Versuche berichtete S. Schiele Namens der Commission auf der nächsten Jahresversammlung[2]). Die Versuche waren mit Steinkohlengas aus Saarkohlen und Schiefergas aus schottischen Cannelsorten gemacht worden, und der Methven-Schlitz hatte eine Länge von 24 und eine Breite von 6 mm. Aus mehreren Versuchsergebnissen sei hier nur angeführt:

	Spec. Gewicht	Leuchtkraft bei 142 l	Helligkeit des Schlitzes Amerikan. Argand	Sugg Argand
Steinkohlengas . .	0,405	14,5	1,74	2,12
Schiefergas . . .	0,530	35,5	1,90	2,00

Die Versuche zeigten des weiteren, dass die Lichtmenge, welche durch den Spalt bei verschiedenen Gasarten und verschiedenen Brennern hindurchgehen, bis zu 21% von einander verschieden sein können. Und diese Abweichungen werden noch überschritten, wenn man den Spalt nicht auf den bestleuchtenden Theil der Flamme einstellt, eine Arbeit, welche die Augen des Beobachters sehr in Anspruch nimmt.

Zu gleichem Urtheile gelangt auch Rüdorff[3]), welcher durch Salzenbergs Anregung die Methven'sche Methode ebenfalls einer genauen Prüfung unterworfen hatte. Er benützte gewöhnliches Leuchtgas und solches, welches er in einem Gasbehälter einige Tage über frischem Wasser stehen liess. Bei Verbrauch von 150 l in einem Argandbrenner erhielt er

	Leuchtkraft	Helligkeit d. Schlitzes
Frisches Gas	8	1,13
Gestandenes Gas	18	1,44,

so dass bei Anwendung verschiedener Gassorten durch den Schlitz keineswegs gleiche Lichtmengen fielen.

Im Jahre 1881 wiederholte Rüdorff[4]) die vergleichenden Versuche zwischen englischen Normal-Walrathkerzen und deutschen Vereins-Paraffinkerzen und fand durch Vergleich mit der abgeblendeten Flamme eines Gas-Argandbrenners, dass bei den Walrathkerzen bei der Flammenhöhe von 45 mm nur eine Schwankung von 2% stattfand, während die Paraffinkerzen bei 50 mm Flammenhöhe Schwankungen bis

---

[1]) Journal für Gasbeleuchtung Bd. 22 S. 689 (1879).
[2]) Journ. f. Gasbel. Bd. 23 S. 465 (1880).
[3]) Journ. f. Gasbel. Bd. 23 S. 217 (1880).
[4]) Journ. f. Gasbel. Bd. 25 S. 147 (1882).

zu 6% zeigten. Der Berichterstatter der Kerzencommission des Deutschen Gasfachmänner-Vereins, Herr Director Thomas, wies zur Entkräftung dieses, den deutschen
Kerzen gemachten Vorwurfes darauf hin[1]), dass die Untersuchungen Rüdorff's sich
nur auf zwei Exemplare der deutschen Kerzen bezogen hätten, welche zufällig von
ungünstiger Beschaffenheit gewesen sein könnten.

Rüdorff hob weiter noch hervor, dass die Erreichung der Flammenhöhe von
45 mm bei den Walrathkerzen ohne Schwierigkeit gelinge, während man bei den
Paraffinkerzen es häufig erlebte, dass die geputzte und allmählich wachsende Flamme,
kurz bevor sie die Höhe von 50 mm erreiche, wieder umkehre, da sie in der grossen
Masse flüssigen Paraffins leicht ertränkt werde.

Auf der Generalversammlung des Vereins Deutschlands in Hannover stellte
Herr Thomas im Namen der Vereins-Kerzencommission den Antrag, es möchten die
vergleichenden Versuche mit verschiedenen Materialien, welche die Lichtmess-Commission früher angestellt hatte, wieder aufgenommen, Paraffin-, Walrath-, Stearinkerzen untersucht und zu diesen Versuchen andere Beobachter, auch Gegner der
Vereinskerze, herbeigezogen werden, um ein unparteiisches Urtheil über deren
Leistung zu erhalten[2]). Die Kerzencommission fühlte sich zu diesem Antrage ver-
anlasst, weil einerseits sie sich bewusst war, in den 14 Jahren ihrer Thätigkeit die
grösste Anstrengung gemacht zu haben, um mehr und mehr die Vereinskerzen zu
verbessern und in Folge dessen ein gutes Resultat erreicht zu haben, und weil
andererseits Herr Prof. Rüdorff auf Grund seiner vergleichenden Versuche recht
harte Anschuldigungen gegen die Vereins-Paraffinkerze ausgesprochen hatte.

Es wurde in Folge dessen Dr. Hugo Krüss-Hamburg zur Vornahme der entsprechenden Versuche aufgefordert.

Das demselben zu seinen Versuchen gelieferte Kerzenmaterial war folgendes:

1. Münchener Stearinkerzen Nr. 1 bis 5; Länge 315 mm, Durchmesser
oben 20,5 mm, unten 23 mm, durchschnittliches Gewicht 108,9 g.
2. Deutsche Vereins-Paraffinkerzen Nr. 6 bis 23; Länge 314 mm, Durchmesser oben und unten 20 mm; durchschnittliches Gewicht 83,6 g.
3. Englische Walrathkerzen (London Standard Sperm Candles von Sugg)
No. 24 bis 29; Länge 252 mm, Durchmesser oben 20 mm, unten 22,5 mm,
durchschnittliches Gewicht 75,7 g.

Die Ergebnisse dieser Versuche waren im Wesentlichen folgende:[3])

Die Flammenhöhe der Kerzen. Um die Frage zu entscheiden, welche
von den zur Prüfung vorliegenden Kerzen in Bezug auf Intensität am constantesten
ist, wäre eine vorherige Untersuchung über die Flammenhöhe nicht nothwendig gewesen. Jedermann weiss, auch ohne dass er jemals an Photometriren gedacht hat,
dass Schwankungen in der Höhe einer Kerzenflamme vorhanden sind und die
Untersuchungen von Rüdorff[4]), von Schiele[5]), der Kerzencommission[6]) haben gezeigt,
dass diese Schwankungen ziemlich beträchtlich sind.

[1]) Journal für Gasbeleuchtung Bd. 25 S. 696 (1882).
[2]) Journ. f. Gasbel. Bd. 25 S. 695 (1882).
[3]) Journ. f. Gasbel. Bd. 26 S. 511 (1883).
[4]) Journ. f. Gasbel. Bd. 12 S. 567 (1869).
[5]) Schilling, Handbuch der Steinkohlengas-Beleuchtung 1878 S. 207.
[6]) Schilling, Handbuch d. Steinkohlengas-Beleuchtung 1878 S. 212 und Journ. f. Gasbel.
Bd. 14 S. 573 (1871).

Mit Recht hat man daraus gefolgert, dass auch die Schwankungen in der Helligkeit einer Kerze bedeutend sind und darauf gerichtete Versuche haben solches dargethan.

Man hat deshalb bei Benutzung der Kerzen als Lichteinheit eine bestimmte Flammenhöhe vorschreiben müssen; diese beträgt für

die Münchener Stearinkerze . . . . 52 mm
die deutsche Vereins-Paraffinkerze . . . . . 50 mm[1]
die englische Walrathkerze 1 3/4 Zoll engl. = 44,5 mm.

Die Hauptfrage bei der Benutzung der Kerzen ist nun aber offenbar, wie man die normale Flammenhöhe herstellen soll. Sie lässt sich leicht erreichen, indem man den Docht putzt; dadurch wird die Höhe der Flamme unter das Normalmaass gebracht und erreicht dieses dann nach einiger Zeit; die weitere Veränderung der Flammenhöhe geht so langsam vor sich, dass man bequem einige photometrische Messungen machen kann, bald aber ist das Normalmaass überschritten und man muss zu erneutem Putzen seine Zuflucht nehmen.

Gegen dieses Verfahren ist mit Recht eingewendet worden, dass durch das Putzen der ganze Verbrennungsprocess gewaltsam gestört werde, man müsse deshalb sich des Putzens der Kerzen enthalten und ruhig abwarten, bis die Flamme einmal die vorgeschriebene Höhe habe.

Dieses Verfahren ist entschieden dem Putzen vorzuziehen; es ist dann nur nothwendig, dass das vorgeschriebene Normalmaass der Flammenhöhe ein solches ist, auf dessen Vorhandensein man nicht allzulange warten muss. Es ist demgemäss diejenige Flammenhöhe zu wählen, welche bei ruhigem ungestörten Brennen der Kerze innerhalb eines längeren Zeitraumes am häufigsten vorkommt, und Versuche darüber anzustellen, ob die vorgeschriebenen Normalmaasse dieser Bedingung wirklich entsprechen. Für die englische Kerze weisen allerdings die Versuche von Rüdorff schon zur Genüge nach, dass die Flammenhöhe von 44,5 mm der gestellten Bedingung nicht entspricht.

Das directe Messen der Flammenhöhe mittels eines Zirkels oder eines Flammenmaasses ist unthunlich, weil einerseits die Kerze durch die grosse Nähe des Beobachters im normalen Brennen gestört wird und weil andererseits eine Störung eintreten kann durch Berührung des Flammenmaasses mit dem weichen Kerzenrand. Deshalb stellte Rüdorff hinter die Kerze ein Millimetermaass und beobachtete aus der Entfernung mit einem Fernrohr.

Etwas bequemer, namentlich wenn es sich um eine längere Dauer der Versuche handelt, scheint die hier gewählte Versuchsanordnung zu sein, bei welcher ein optisches Flammenmaass benutzt wurde.[2]

Dasselbe ist in Fig. 4 dargestellt. An dem Vorderende des Rohres A befindet sich das achromatische Objectiv B, an dem hinteren Theile desselben eine matte Glasscheibe C mit einer Millimetereintheilung. Die Entfernung des Hauptpunktes H des Objectives von der matten Glasscheibe ist gleich der doppelten Brennweite des Objectives. Das ganze Rohr A ist mittels des Triebknopfes a in der Hülse D, die matte Glasplatte mit der Theilung mittels des Triebknopfes b in verticaler Richtung verschiebbar. Endlich kann der ganze Apparat durch den Triebknopf c in der Höhe verstellt werden.

---

[1] Journ. f. Gasbel. Bd. 15 S. 379 (1872).
[2] Journ. f. Gasbel. Bd. 26 S. 717 (1883).

Das Arbeiten mit dem Apparate ist nun sehr einfach. Derselbe wird in solcher Entfernung von der Kerze aufgestellt, dass die Strecke von der Kerze bis zum Objectiv ungefähr gleich dem Abstande des letzteren von der matten Scheibe ist. Sodann wird durch den Triebknopf e ungefähr die richtige Höhe gegeben und hierauf mittels des Triebknopfes a das Bild der Flamme F auf der matten Glasscheibe scharf eingestellt.

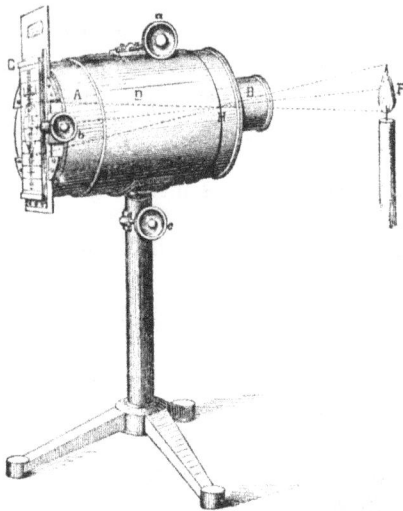

Fig. 4.

Ist diese scharfe Einstellung erreicht, so ist die Entfernung der Flamme F von dem Hauptpunkte H des Objectives genau gleich der Entfernung dieses Hauptpunktes von der matten Glasscheibe C und in Folge dessen ist das Bild der Flamme genau ebenso gross, wie die Flamme selbst. Ein Millimeter der Theilung auf der matten Glasplatte entspricht also genau einem Millimeter der Flamme selbst.

Die Theilung ist 100 mm lang; wenn sie ihre höchste Stellung hat, befindet sich der 50-Strich genau in der Axe des Objectives; man regulirt also mittels des Triebknopfes c die Höhe des ganzen Apparates so, dass das Flammenbild symmetrisch zu diesem 50-Strich ist, dann befinden sich die Flamme und ihr Bild symmetrisch zur optischen Axe des Objectives. Nun kann man mittels des Triebknopfes b die Theilung so weit verschieben, dass der Nullstrich gerade das Bild der bläulichen Wurzel der Flamme berührt, dann liest man an dem Bilde ihrer Spitze direct ihre Höhe ab.

Brennt die Kerze herunter, so dass der Nullstrich nicht mehr mit dem Anfang der Flamme zusammentrifft, so darf man nicht mittels des Triebknopfes b die Theilung verschieben, sondern muss mittels des Triebknopfes c die ganze Höhe des Apparates ändern und so der herunterbrennenden Kerze folgen, damit das Bild der Flamme symmetrisch zur optischen Axe des Apparates bleibe. Allzu ängstlich braucht man natürlich mit der Symmetrie des Bildes zur Axe nicht zu sein, die dem Apparate gegebene Form gestattet nur, eine allzu excentrische Lage zu verhüten, bei welcher wegen der Eigenschaften der optischen Bilder nicht mehr vollkommene Gleichheit zwischen Flamme und Bild auftreten könnten.

Die Temperatur des Beobachtungsraumes betrug immer 14 bis 15° R. und es war dafür gesorgt, dass sie gleichmässig im ganzen Raume war. Die Beobachtung dieses Umstandes ist sehr wesentlich, da die geringsten Luftbewegungen das normale Brennen der Kerzen beeinträchtigen.

Die Beobachtungen wurden nun in der Weise angestellt, dass während des Verlaufes einer Stunde jede Minute einmal die Flammenhöhe notirt wurde, nachdem vorher die Kerze mindestens eine halbe Stunde gebrannt hatte.

Rüdorff notirte die Flammenhöhe 5 Minuten lang und liess dann eine Pause von 15 Minuten eintreten. Die von Krüss erhaltenen Beobachtungsresultate liefern den Nachweis, dass hierbei die Schwankungen in der Flammenhöhe zu klein gefunden werden, während die mittlere Flammenhöhe ziemlich übereinstimmend aus beiden Anordnungen folgt.

Von jeder Kerzensorte wurden vier verschiedene Exemplare der beschriebenen Untersuchung unterworfen.

Die Versuchsergebnisse zeigten, dass bei der Stearinkerze, deren vorschrifts-mässige Flammenhöhe 52 mm sein soll, am meisten vorkommen Flammenhöhen zwischen 54 und 56 mm; eine Flammenhöhe von weniger als 52 mm kommt weniger als halb so oft vor, dann diejenigen von 54, 55 und 56 mm.

Bei den Paraffinkerzen sind am häufigsten Flammenhöhen von 52, 53 und 54 mm aufgetreten, anstatt der vorgeschriebenen von 50 mm, und bei den Walrathkerzen kommen Flammenhöhen von 47 und 48 mm bei weitem häufiger vor als die Normal-höhe von 44 mm.

Die vorschriftsmässigen Flammenhöhen kamen innerhalb 240 Minuten bei den Stearinkerzen nur während 15 Minuten, bei den Paraffinkerzen während 17 Minuten, bei den Walrathkerzen während 27 Minuten vor. Aber selbst wenn man bei allen Kerzen eine in dieser Beziehung günstigere Flammenhöhe wählen würde, müsste man, wenn man das Putzen des Dochtes vollkommen ausschliesst, meistens sehr lange auf das Eintreffen derselben warten; am besten wäre man hierbei noch mit der Walrathkerze daran, da hier die Flammenhöhe von 48 mm häufiger eintritt als irgend eine Flammenhöhe bei den anderen Kerzenarten.

Die mitgetheilten Zahlen lassen nun gleichzeitig einen Schluss auf die Constanz oder vielmehr Inconstanz der Flammenhöhe zu.

Hier zeigt sich zuerst, dass die einzelnen Kerzen von demselben Material unter einander am wenigsten verschieden waren bei den Walrathkerzen, es ergibt sich dieses aus der Vergleichung der Mittelwerthe für die Flammenhöhe der einzelnen Kerzen.

Die grössten Unterschiede in den einzelnen Flammenhöhen waren bei

Stearinkerzen . . . . 11 mm
Paraffinkerzen . . . . 16 »
Walrathkerze . . . 8 »

Diese Zahlen allein geben jedoch kein richtiges Bild von den Schwankungen der Flammenhöhen.

Besser zur Beurtheilung ist die Betrachtung der Zahlen für die mittlere Ab-weichung von der mittleren Flammenhöhe. Sie betrug bei:

Stearinkerzen . . . . . ± 0,93 bis ± 1,27 mm
Paraffinkerzen . . . . ± 1,35 » ± 1,73 »
Walrathkerzen . . . . ± 0,75 » ± 1,20 »

In der Zahl für diese mittlere Abweichung für die vier untersuchten Kerzen desselben Materials zusammen genommen machten sich natürlich dann auch noch die Unterschiede zwischen den einzelnen vier Kerzen geltend, so dass sie grösser wird als für jede einzelne Kerze. Sie betrug für

Stearinkerzen . . . . ± 1,98 mm
Paraffinkerzen . . . . ± 1,98 »
Walrathkerzen . . . . ± 1,57 »

Diese Zahlen liefern ein Bild über die Grösse der Schwankungen, aber nicht über die Art derselben. Die Grösse dieser Durchschnittswerthe bleibt vollkommen dieselbe, wenn die Flammenhöhe allmählich vom Minimum bis zum Maximum fortwährend wachsend steigt oder wenn sie zwischen Minimum und Maximum

viele Male auf und nieder schwankt. Für den praktischen Gebrauch der Kerze wäre
das erstere Verfahren bei weitem besser, da man dann eine längere Zeit o h n e
U n t e r b r e c h u n g zur Verfügung haben würde, in welcher die vorschriftsmässige
Flammenhöhe vorhanden ist.

Unter diesem Gesichtspunkte wurden die Zahlen für die »Länge der Curven«
aufgestellt. Sie sollen bedeuten die Längen der Curve, deren Abscissen die Zeit,
deren Ordinaten die einzelnen Flammenhöhen sind und wurden erhalten durch ein-
faches Addiren der Differenzen zwischen je zwei mit dem Zwischenraum von einer
Minute auf einander folgenden Flammenhöhen.

Die Flammenhöhen 51 bis 55 mm können z. B. auf einander folgen

	51	52	53	54	55
oder auch	51	55	52	54	53.

Im ersten Fall wäre die Länge der Curve 4, im zweiten 10; in beiden Fällen
wäre die mittlere Flammenhöhe und die mittlere Abweichung von derselben die
gleiche gewesen.

Die Zahlen für die Länge der Curven waren nun bei

Stearinkerzen . . . 51 bis 58, für 4 Kerzen zusammen 198 mm
Paraffinkerzen . . . 61 » 90, » » » » 276 »
Walrathkerzen . . . 36 » 41, » » » » 157 »

Die vorhergehenden Betrachtungen zeigen nun ganz auffällig, dass in Bezug auf
die Constanz der Flammenhöhe die Walrathkerzen den andern beiden untersuchten
Arten bei weitem überlegen waren, sowohl in Bezug auf die Schwankungen bei jeder
einzelnen Kerze als in Bezug auf die Unterschiede zwischen den einzelnen Kerzen
aus demselben Material.

Sie zeigen aber ferner überzeugend, dass ohne Putzen des Dochtes eine normale
Flammenhöhe überhaupt nur sehr schwer zu erreichen ist, und dass man diesen
Eingriff in den natürlichen Verbrennungsprocess nicht vermeiden kann, wenn man
eine Kerze als Normallichtquelle benutzen will.

Einiges Interesse dürfte ferner noch eine Zusammenstellung dieser Beobachtungsresultate über die Flammenhöhen der Kerzen mit denjenigen anderer Beobachter
haben.

Mittlere Flammenhöhen.

	Rüdorff	Schiele	Kerzen-Commission	Krüss
Stearinkerzen . . .	ca. 56,0	50,3	60,8	54,0
Paraffinkerzen . . .	» 50,0	50,0	51,2	53,1
Walrathkerzen . . .	» 52,2	52,0	—	47,7.

Schwankungen in der Flammenhöhe.

	Rüdorff	Schiele	Kerzen-Commission	Krüss
Stearinkerzen	5%	8%	35%	20%
Paraffinkerzen	8%	20%	35%	30%
Walrathkerzen	7%	17%	—	17%.

Diese Zahlen zeigen durchaus gar keine Uebereinstimmung und überzeugen dadurch ebenfalls gewiss von der absoluten Nothwendigkeit, nur bei einer ganz bestimmten Flammenhöhe eine Kerze zum Photometriren zu benutzen.

D i e H e l l i g k e i t d e r K e r z e n. Zur Vornahme von Beobachtung der Schwankungen in der Helligkeit der verschiedenen Normalkerzen war vor allem eine Ver-

gleichslichtquelle nothwendig, deren Helligkeit auf längere Zeit als vollkommen constant angesehen werden kann. Es wurde dazu das Photorheometer von Giroud, versehen mit einem Speckstein-Einlochgasbrenner von 1 mm Lochöffnung und 67,5 mm Flammenhöhe[1]) benutzt.

Zu den photometrischen Messungen wurde ein Bunsen'sches Photometer benutzt, bei welchem wie gewöhnlich üblich der Papierschirm mit dem Fettfleck in der Winkelhalbirungslinie zweier unter einem Winkel von ca. 140° gegen einander geneigten Spiegel stand.

Die beiden mit einander zu vergleichenden Lichtquellen, Kerze und Giroud-Gasbrenner, standen fest an den Enden des Photometermaassstabes, während der Kasten mit den Spiegeln und dem Papierschirm auf demselben beweglich war. Eine andere Anordnung war unmöglich, da es vollkommen unstatthaft ist, die zu untersuchende Kerze zu bewegen und der Gasbrenner durch die feste Verbindung mit der Gasleitung seinen Platz nicht verlassen konnte.

Um stets ohne besonderes Abmessen controliren zu können, ob die Strahlen von den beiden mit einander zu vergleichenden Lichtquellen senkrecht auf die Mitte des Fettfleckens fallen, d. h. ob die Verbindungslinie der Mitten der beiden Flammen senkrecht auf der Ebene des Papierschirmes steht und zwar auf der Mitte des Fettfleckes, diente folgende einfache Vorrichtung.

In jeder der beiden Seitenwänden des Photometerkastens befindet sich ein kreisrundes Loch; die Verbindungslinie der Mittelpunkte dieser beiden Löcher geht durch die Mitte des Fettfleckes und steht senkrecht auf dem Papierschirm. In jede dieser Seitenöffnungen kann eine kreisrunde Platte eingesetzt werden, in deren Mitte sich ein kleines Loch befindet. Durch dieses kleine Loch wird auf dem Papierschirm ein sehr verkleinertes Bild der an dem Ende des Maassstabes aufgestellten Lichtquelle entworfen. Man hat dann dieselbe so einzustellen, dass dieses Bildchen genau auf die Mitte des Fettfleckes falle, dann befindet sich die Flamme in der richtigen Höhe und Seitenrichtung.

Die Flammenhöhen der Kerzen wurden bei diesen Versuchen mittelst des optischen Flammenmaasses bestimmt. Die Beobachtungen selbst wurden in folgender Weise angestellt. Nachdem die Kerze längere Zeit (10—15 Minuten) gebrannt hatte, wurde der Docht geputzt und dann gewartet, bis die Flammenhöhe von 44,5 mm erreicht war. Nun wurden schnell 4 Einstellungen des Photometerschirmes gemacht; dieses nahm einen Zeitraum von etwa 20 Secunden in Anspruch, während dessen die Flammenhöhe der Kerze wohl als constant anzusehen war. Das Mittel aus diesen vier Einstellungen wurde zur Berechnung der augenblicklichen Helligkeit der Kerze benutzt.

Sodann wurde abgewartet, bis die Flammenhöhe der Kerze 50 mm betrug, wiederum vier Einstellungen gemacht, und ebenso bei 52 mm Flammenhöhe.

Nun wurde der Docht der Kerze wieder geputzt, so dass die Flammenhöhe unter 44,5 mm sank und dann die beschriebenen Beobachtungen wiederholt.

Wenn man die Beobachtungsresultate unter einander vergleichen will, so kann man entweder das Verhalten der drei verschiedenen Kerzenarten bei derselben Flammenhöhe miteinander vergleichen, wie Rüdorff und Buhe[2]) solches gethan

---

[1]) Journ. f. Gasbel. Bd. 26 S. 213 (1883).
[2]) Journ. f. Gasbel. Bd. 15 S. 106 (1872).

haben, oder bei diesem Vergleich für jede Kerzenart die zum Photometriren vorgeschriebene Flammenhöhe wählen.

Zuerst wäre hier zu untersuchen die Grösse der Abweichungen der einzelnen Kerzen aus demselben Material unter einander in Bezug auf ihre Helligkeit, welche dargestellt wird durch die Differenz zwischen der dunkelsten und der hellsten Kerze. Diese war bei

	Flammenhöhe 44,5 mm	Normale Flammenhöhe
Stearinkerzen	0,045	0,052
Paraffinkerzen	0,106	0,082
Walrathkerzen	0,046	0,046.

Es zeigen die einzelnen Paraffinkerzen unter einander einen weit grösseren Unterschied als die Stearin- und Walrathkerzen.

Sodann kommen die Veränderungen in der Helligkeit in Betracht bei den verschiedenen Kerzensorten, welche am besten dargestellt werden durch die mittleren Abweichungen vom Mittel, besser als durch die Grösse der Schwankungen selbst aus denselben Gründen, wie sie bei der Flammenhöhenvergleichung dargelegt wurden. Da hier weniger das Verhalten der einzelnen Kerzen, sondern die Eigenschaften der Arten interessiren, so ist hier das Mittel über die vier Kerzen einer und derselben Sorte zu nehmen. Dieses war bei

	Flammenhöhe 44,5 mm	Normale Flammenhöhe
Stearinkerzen	± 0,013	± 0,017
Paraffinkerzen	± 0,011	± 0,023
Walrathkerzen	± 0,009	± 0,009

Die mittleren Schwankungen in der Helligkeit waren aber bei

	Flammenhöhe 44,5 mm			Normale Flammenhöhe
	Krüss	Rüdorff[1]	Buhe	Krüss
Stearinkerzen .	0,049 = 5,6 %	1,4 %	1,0 %	0,054 = 5,4 %
Paraffinkerzen .	0,039 = 4,3 »	5,0 (6) %	2,7 »	0,078 = 7,7 »
Walrathkerzen .	0,027 = 3,0 »	2,3 (2) »	3,4 »	0,027 = 3,0 »

Die Zahlen zeigen in Uebereinstimmung mit Rüdorff's Resultaten eine geringere Constanz in der Helligkeit bei den Paraffinkerzen als bei den anderen beiden untersuchten Sorten, und ergaben, dass die Walrathkerzen sich in dieser Beziehung als die besten herausgestellt haben.

Jedenfalls aber zeigen auch diese Resultate wiederum, dass die mehrfach aufgestellte Behauptung, die Helligkeit einer Kerze schwanke um 40 %, falsch ist, dieses kann sich höchstens bei ungeputzten Kerzen so verhalten, eine gut behandelte geputzte Kerze schwankt in ihrer Helligkeit bedeutend weniger und die englische Walrathkerze dürfte nach der nunmehr von verschiedenen Beobachtern fast übereinstimmend festgestellten Grösse ihrer Schwankung in dieser Beziehung dem Carcelbrenner nicht nachstehen, dem von seinen Freunden ein Schwanken von 2—3 % nachgesagt wird[2].

---

[1] Die eingeklammerten Zahlen beziehen sich auf Rüdorff's Untersuchungen im Journal für Gasbeleuchtung Bd. 25 S. 137 (1882), die nicht eingeklammerten auf diejenigen im Journ. für Gasbeleuchtung Bd. 12 S. 568 (1869).

[2] Comptes rendus des Travaux du Congrès International des Electricien. Paris 1881 S. 353.

Es erübrigt nun noch, die für die absolute Helligkeit der Kerzen erlangten Werthe zusammenzustellen.

Nimmt man die Helligkeit der Stearinkerzen = 100 an, so ist

	Flammenhöhe 44,5 mm			Normale Flammenhöhe	
	Rüdorff	Buhe	Krüss	Schilling [1]	Krüss
Stearinkerzen . . .	100	100	100	100	100
Paraffinkerzen . . .	107,9	106,4	106,0	88,7	97,6
Walrathkerzen . . .	108,7	108,7	104,5	90,7	85,8

Der stündliche Verbrauch an Material ergab sich

1. bei ungestörtem Brennen:

Stearinkerzen		Paraffinkerzen		Walrathkerzen	
No. 1	10,20 g	No. 14	7,24 g	No. 24	7,38 g
» 3	9,90 »	» 8	7,46 »	» 25	7,38 »
» 4	10,33 »	» 11	6,79 »	» 27	7,24 »
» 5	10,38 »	» 7	7,58 »	» 26	7,06 »
Mittel	10,20 g	Mittel	7,34 g	Mittel	7,265 g
					(= 112,1 grains)

2. bei geputzten Kerzen (in der Weise wie es beim Photometriren ausgeführt wird):

Stearinkerzen		Paraffinkerzen		Walrathkerzen	
No. 1	8,74 g	No. 14	6,48 g	No. 24	7,06 g
» 3	8,86 »	» 8	6,68 »	» 25	7,81 »
» 4	8,66 »	» 11	6,64 »	» 27	7,64 »
» 5	8,85 »	» 7	6,63 »	» 26	7,30 »
Mittel	8,78 g	Mittel	6,61 g	Mittel	7,45 g
					(= 115 grains).

Es war bei den Walrathkerzen der Consum auch bei ungestörtem Brennen geringer als 120 grains wie vorgeschrieben, während Schilling [2] mittheilt, dass die englischen Normalkerzen meistens einen grösseren Consum haben.

Bei den Stearin- und bei den Paraffinkerzen musste natürlich der Materialverbrauch bedeutend sinken in Folge des Putzens, da deren Flammenhöhe von ihrer mittleren Grösse (54 resp. 53 mm) in regelmässigen Intervallen auf weniger als 44,5 mm herunter gebracht wurde. Bei den Walrathkerzen war dieses von vorn herein in nicht so hohem Grade zu erwarten, da hier die mittlere Flammenhöhe nur 47,2 mm betrug. Wenn hier durch das regelmässige Putzen sogar eine kleine Vermehrung des Maximalverbrauches eintrat, so mag dieses darin seinen Grund haben, dass bei längerem Docht häufiger ein Ablaufen von geschmolzenem Material eintrat, wie solches in der That beobachtet wurde.

Der Schmelzpunkt des Kerzenmaterials wurde mittelst der von C. H. Wolff angegebenen Methode [3] bestimmt.

Es zeigte sich unter den einzelnen Kerzen aus demselben Material eine grosse Uebereinstimmung des Schmelzpunktes.

---

[1] Schilling's Handbuch S. 214.
[2] Ebenda S. 208.
[3] Journ. f. Gasbel. Bd. 26 S. 526 (1885).

Im Mittel ergaben sich folgende Schmelzpunkte:

Münchner Stearinkerzen . . . . 53,99° C.

Deutsche Vereinsparaffinkerzen . . . . 53,75° »

Englische Walrathkerzen . . . . 43,66° »

Rüdorff hatte früher

für Stearinsäure den Schmelzpunkt zwischen 55,3 und 56,6° C.

» Paraffin » » » 49 » 54° »

» Walrath » » » 43,5 » 44,3° »

gefunden.

Diese Ergebnisse wurden später durch nach den gleichen Methoden von E. Voit angestellte Versuche bestätigt.[1])

_____

Wenn auch die Kerzen-Commission alle Mühe aufwandte, um eine constante Herstellung der Vereins-Paraffinkerzen zu gewährleisten, und wenn auch die Resultate dieser Arbeit ganz vorzügliche waren, so konnten damit die Versuche, eine andere bessere Lichteinheit zu erzielen, nicht abgeschlossen sein. Denn die Mängel, welche eine Kerzenflamme darbietet, sind zum allergrössten Theil in der Natur einer Kerze selbst begründet und deshalb nicht zu beseitigen.

Die Anzahl der Vorschläge für eine gute Lichteinheit für die Technik war im Anfang der achtziger Jahre eine grosse. Aber die deutschen technischen Kreise und mit ihnen der Deutsche Verein von Gas- und Wasserfachmännern, konnten sich für die meisten dieser Vorschläge nicht interessiren, weil sie von vornherein keine Gewähr dafür boten, dass sie die Bedingungen erfüllen würden, welche man an eine technische Lichteinheit zu stellen gezwungen ist.

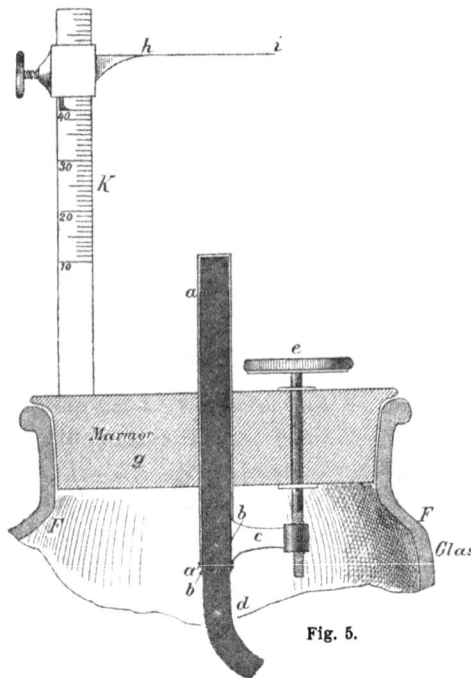

Fig. 5.

Nur ein Vorschlag des Herrn Hefner von Alteneck fand sofort allseitige Beachtung. Hefner von Alteneck hatte zunächst Versuche mit Benzinlampen angestellt.

Solche Benzinlampen hatte Eitner (Heidelberg) schon seit dem Jahre 1879 in praktischem Gebrauch als Ersatz für die Kerzen. Die Construction derselben wird durch Fig. 5 veranschaulicht[2]). In dem Dochtröhrchen *a* von beiläufig 7,5 mm innerer Weite, welches von dem Runddocht *d* eben ausgefüllt wird, ist ein von sehr dünnem Blech hergestelltes zweites Röhrchen *b* leicht verschiebbar; in diesem klemmt sich der Docht, weil es um eine Kleinigkeit enger ist als *a*, etwas mehr als in *a* und da sein oberes Ende nur etwa 10 mm unter dem oberen Ende von

_____

[1]) Centralblatt f. Elektrotechnik Bd. 9 S. 595 (1887).

[2]) Journ. f. Gasbel. Bd 24 S. 722 (1881) u. Bd. 28 S. 799 (1885).

a steht, wird der Docht jeder Bewegung von *b* willig folgen. Diese Bewegung wird vermittelt durch den Arm *c*, der an *b* angelöthet ist und an seinem Ende die Schraube *e* aufnimmt. Das Benzin befindet sich in einem Glasgefäss *F*, welches mehr breit als hoch ist und einen gut eingeschliffenen Marmorstöpsel *g* trägt, durch welchen Dochtrohr *a* und Schraube *e* hindurchgehen. Ausserdem trägt er das an einem prismatischen Stabe *k* verstellbare Visir *hi*; letzteres ist ein aus sehr feinem Draht gebogener Ring.

Eitner fand, dass die Flamme mit einer für die Praxis ausreichenden Genauigkeit dieselbe Lichtmenge gibt, ob die Lampe frisch gefüllt ist oder der letzte Rest des Benzins verbrannt wird, wenn nur die Flammenlänge dieselbe bleibt.

Hefner-Alteneck fand nun ebenfalls, dass derartige Benzinlampen eine sehr gleichmässige Helligkeit hätten[1]. Er machte jedoch darauf aufmerksam, dass Benzin ein undefinirbares Gemenge von Kohlenwasserstoffen sei und deshalb als Brennstoff für eine Normallichtquelle nicht vorgeschrieben werden könne. Man müsse versuchen, ob nicht ein Kohlenwasserstoff, der als chemisch definirter Körper rein darzustellen ist, in derartig einfachen Lampen eine gute Lichteinheit ergäbe.

Uebrigens hat auch L. Weber bei seinem Photometer ein Benzinlämpchen als Vergleichslichtquelle in Anwendung gebracht und F. Uppenborn später nochmals durch eingehende Untersuchungen festgestellt[2], dass die Benzinlampe eine ausserordentliche Constanz mit grosser Bequemlichkeit der Handhabung besitze, so dass sie sich thatsächlich vorzüglich als Vergleichslichtquelle eignet.

Hefner-Alteneck hat nun eine grössere Anzahl, meist ätherartiger Substanzen auf ihre Brauchbarkeit zur Erzeugung einer Normalflamme untersucht und hat schliesslich Amylacetat (Essigsäure-Amyläther) als besonders geeignet gefunden und empfohlen.[3] Diese Flüssigkeit ist wasserhell, sie besitzt einen angenehmen sehr intensiven Geruch nach Bergamottebirnen. Sie ist leicht rein darzustellen[4], wird im Grossen fabrikmässig erzeugt, und als sog. Birnöl oder Birnäther zu Parfümeriezwecken und für Conditorwaaren verwendet. Dieser Birnäther besitzt einen constanten Siedepunkt von 138° C., ist also von den Nachtheilen frei, welche Gasolin, Ligroin u. a. besitzen. Der Preis dieser Flüssigkeit ist ebenfalls mässig, so dass auch nach dieser Seite der Anwendung kein Hinderniss entgegensteht.

Als Lichteinheit schlug Hefner-Alteneck vor, die Leuchtkraft einer frei brennenden Flamme, welche aus dem Querschnitte eines massiven, mit Amylacetat gesättigten Dochtes aufsteigt, der ein kreisrundes Dochtröhrchen aus Neusilber von 8 mm innerem, 8,3 mm äusserem Durchmesser und 25 mm frei stehender Länge vollkommen ausfüllt, bei einer Flammenhöhe von 40 mm vom Rande des Dochtröhrchens aus und wenigstens 10 Minuten nach dem Anzünden gemessen.

Eine Lampe, nach dieser Vorschrift hergestellt, ist in den Fig. 6 und 7 im Verticalschnitt und Grundriss originalgross abgebildet.

Die Flammenhöhe ist bezeichnet durch die Visirlinie über die beiden Kanten *a* und *b*. Sie wird eingestellt, indem man durch die Flammenspitze hindurch nach den von der Flamme hell beschienenen Kanten *a* und *b* visirt und durch Drehen

---

[1] Elektrotechn. Zeitschrift Bd. 4 S. 455 (1883) u. Journ. f. Gasbel. Bd. 26 S. 883 (1883).

[2] Centralblatt f. Elektrotechnik Bd. 10 S. 186 (1888).

[3] Journ. f. Gasbel. Bd. 27 S. 73 u. S. 766 (1884).

[4] Das Amylacetat, Essigsäure-Amyläther, wird erhalten durch Destillation von Eisessig oder einem essigsauren Salz mit Schwefelsäure und Amylalkohol (Fuselöl).

der ränderirten Scheibe *S* die Flammenhöhe so regulirt, dass die Spitze des hellen Kernes der Flamme, welche etwa ¹/₂ mm unter der äussersten Spitze eines nur halb-leuchtenden, den Kern umgebenden Saumes auftritt, von unter her die Visirlinie berührt. Die beiden der Flamme zugekehrten Kanten *a* und *b* werden blank gehalten.

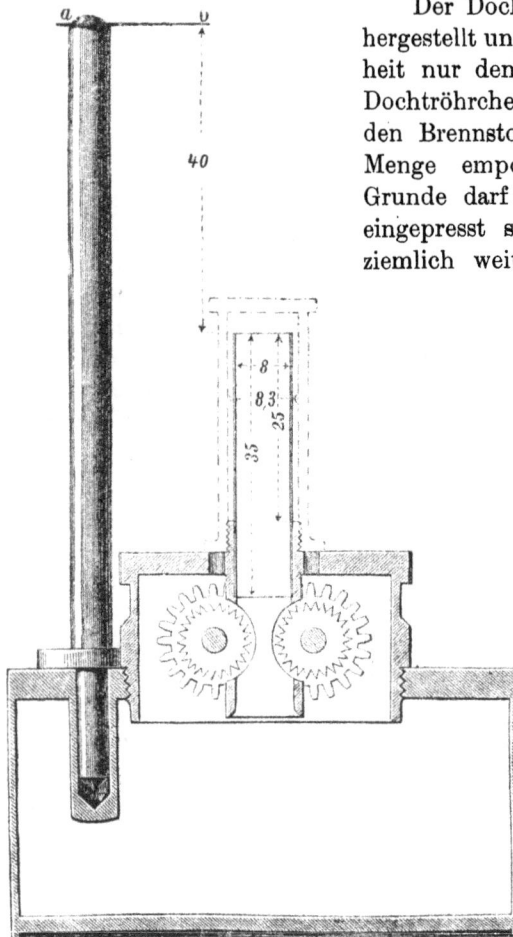

Der Docht ist aus groben weichen Baumwollfäden hergestellt und hat hinsichtlich seiner inneren Beschaffen-heit nur den Bedingungen zu entsprechen, dass er das Dochtröhrchen ganz und sicher ausfüllt, und dass er den Brennstoff im Ueberschuss über die verbrennende Menge emporzusaugen im Stande ist. Aus diesem Grunde darf er nicht zu stark in das Dochtröhrchen eingepresst sein. Es lassen diese Bedingungen einen ziemlich weiten Spielraum, innerhalb dessen die Be-

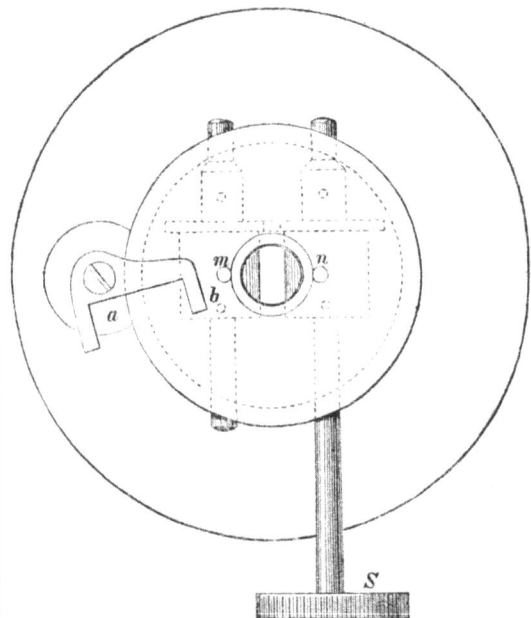

Fig. 6.   Fig. 7.

schaffenheit des Dochtes ganz gleichgültig ist, zu. Man braucht in diesem Punkte darum nicht übermässig ängstlich zu sein, weil ein Versehen oder Fehler darin sich in einem Auf- und Abgehen der Flammenspitze anzeigt, also leicht erkannt und vermieden werden kann. — Man stellt den Docht am einfachsten her aus einzelnen Fäden, am besten von sog. Lunten oder Dochtgarnen, einen groben sehr weichen Baumwollenvorgespinst oder auch aus einer entsprechenden Anzahl gewöhnlicher dicker und weicher Baumwollfäden. — Die einzelnen Fäden werden ohne weitere Verflechtung oder Umstrickung zu einem Strange parallel zusammengelegt, bis zu einem Gesammtdurchmesser, welcher sich noch leicht bis zu dem Durchmesser des Docht-röhrchens (8 mm) zusammendrücken lässt. Umstrickte, in der richtigen Stärke von vornherein hergestellte Dochte kann man aber, wo solche zu bekommen sind, der grösseren Bequemlichkeit wegen ebenfalls verwenden. Dieselben folgen

etwas sicherer der Drehung der gezahnten Rädchen beim Einreguliren der Dochtstellung.

Das horizontal ebene Abschneiden des Dochtes bewerkstelligt man am besten
bei feuchtem Zustande desselben mittels einer scharfen gebogenen Scheere, indem
man den Docht etwas in die Höhe schraubt, die einzelnen Fäden ein wenig aus-
breitet und dann sie einzeln so lange zuschneidet, bis nach wiederholtem Zurück-
ziehen in die Ebene der Rohrmündung die Enden sämmtlicher Fäden eine mit derselben zusammenfallende Ebene bilden.

Die Menge des in der Lampe enthaltenen Brennstoffes ist gleichgültig, so lange
nur der Docht mit allen seinen Fäden noch gut in dieselbe eintaucht.

Das Dochtröhrchen ist aus Neusilberblech hergestellt und bloss in die Lampe
gut passend eingesteckt, so dass man es sowohl herumdrehen, als auch auswechseln
kann für den Fall einer Beschädigung. Beim Einsetzen desselben ist nur zu beachten, dass es fest unten auf den betreffenden Ansatz aufsteht, weil sonst das
Flammenmaass unrichtig zeigen würde. — Von Zeit zu Zeit ist das Dochtröhrchen
von einem sich darauf absetzenden braunen, dickflüssigen Rückstande zu reinigen,
was am besten geht, wenn das Röhrchen noch heiss ist. Weil kein Glascylinder
mit kräftigem Luftstrome vorhanden ist wie bei anderen Lampen, so hat die Flamme
naturgemäss nur eine geringe Steifigkeit.

Die Leuchtkraft der Flamme ist selbstredend nur dann die normale, wenn die
vorgeschriebene Flammenhöhe vorhanden ist. Um diese aber dauernd erzielen zu
können, muss die Lampe in an und für sich vollkommen ruhig stehender Luft
brennen. Es ist auch zu bemerken, dass sich Bewegungen in der umgebenden Luft
früher durch ein periodisches Auf- und Abgehen der Flammenspitze, als wie durch
ein seitliches Ausbiegen der Flamme erkennbar machen.

Für genaueste Einstellung der Flammenhöhe soll die Lampe nicht nur absolut
zugfrei, sondern auch vor jeder Erschütterung geschützt aufgestellt sein. Selbst die
in einem Gebäude vorkommenden Erschütterungen zeigen sich an der Flamme durch
ein geringes Auf- und Abtanzen der Spitze. Man wird anfänglich einige Schwierigkeiten darin finden, die Flamme ruhig und mit nicht auf- und abgehender Spitze
zum Brennen zu bringen, und sind darum die oben angeführten Vorschriften besonders sorgfältig zu beachten.

Die Luftlöcher (m, n), welche zu beiden Seiten des Dochtröhrchens angebracht
sind, dürfen nicht verstopft sein.

Die Temperatur der umgebenden Luft ist nur von Einfluss auf die Dochtstellung
und zwar in dem Sinne, dass eine höhere Lufttemperatur eine tiefere Stellung des
Dochtes bei der gleichen Flammenhöhe bedingt.

Auf die Leuchtkraft der Flamme ist die Verschiedenheit der Dochtstellung, bei
welcher die constante Flammenhöhe eintritt, ohne bemerkbaren Einfluss.

In wie weit der Luftdruck (Barometerstand) die Leuchtkraft beeinflusst, war von
Hefner-Alteneck noch nicht festgestellt. Von sehr beträchtlichem Einfluss darauf
zeigte sich aber der Grad der Reinheit der Luft, deshalb soll der Beobachtungsraum
womöglich nach jeder Messung frisch gelüftet werden. Die Normallampenflamme
verhält sich aller Wahrscheinlichkeit darin nicht anders als jedes durch Verbrennung
erzeugte Licht.

Die Grösse der oben definirten Lichteinheit, verglichen mit einer bisher bestehenden, sollte nach Hefner-Alteneck's erster Angabe gleich der mittleren Leucht-

kraft einer englischen Spermaceti-Normalkerze von Sugg, d. h. bei einer Flammenhöhe derselben von etwa 43 mm, welche von der Stelle, wo der Kerzendocht schwarz
zu werden beginnt, bis zur höchsten Flammenspitze zu messen ist.

Die Constanz seiner Lampe schätzte Hefner-Alteneck auf · 1 %. Geringe Abweichungen in den Dimensionen der Lampe übten keinen Einfluss auf die Helligkeit
aus, so dass diese Lichteinheit leicht reproducirbar ist.

Nachdem auf der XXV. Jahresversammlung des Deutschen Vereins von Gas-
und Wasserfachmännnern 1885 wiederholt über die Amylacetatlampe und deren
Vortheile berichtet worden war[1]), kamen die Versuche mit dieser Lampe in Fluss.

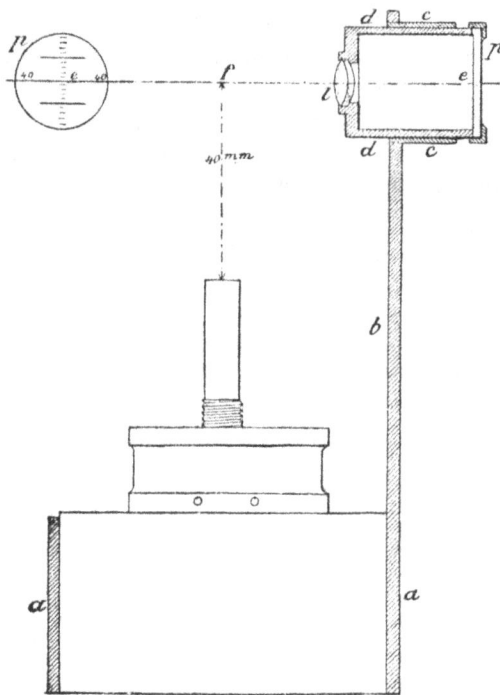

Fig. 8.

Zunächst beschäftigten sich damit
eine grössere Anzahl von einzelnen
Mitgliedern sodann nach Beschluss
des Vereins die Lichtmess - Commission und endlich auf Ansuchen
des Vereins auch die Physikalisch-
technische Reichsanstalt.

Inzwischen waren auch von anderen Seiten Untersuchungen über
die Amylacetatlampe angestellt, so
von E. Liebenthal über den Einfluss
von Abweichungen in den Abmessungen der Lampe[2]), über Ein-
stellungsfehler und Schwankungen
der Flammenhöhe und der Helligkeit[3]), sowie über den Einfluss des
Leuchtmaterials auf die Leuchtkraft
der Lampe. Bei diesen Untersuchungen wurde zum ersten Mal
die Anbringung eines kleinen optischen Flammenmessers zur Bestimmung der Flammenhöhe der
Amylacetatlampe beschrieben, welcher später weitgehende Anwendung
gefunden hat.

Das richtige Einvisiren der Spitze der Flamme der Amylacetatlampe auf das
von Hefner-Alteneck angegebene Flammenmaass macht oft einige Schwierigkeit und
ermüdet vor Allem das Auge des Beobachters in unnöthiger Weise. Bedeutend
verbessert war diese Einstellung allerdings bereits durch den der Lampe auf Vorschlag von Buhe beigegebenen Schirm[4]), welcher den grössten Theil der Flamme
abblendet und nur einige Millimeter der Spitze sichtbar lässt. Aber noch bequemer
wird die sichere Einstellung durch eine optische Vorrichtung, welche durch Krüss
an die Amylacetatlampe angebracht wurde, ohne vorläufig deren sonstige Einrichtung
zu stören[5]).

[1]) Journal für Gasbeleuchtung Bd 28 S. 797 (1885).
[2]) Journ. f. Gasbel. Bd. 30 S. 814 (1887).
[3]) Journ. f. Gasbel. Bd 31 S. 583 (1888).
[4]) Journ. f Gasbel. Bd. 31 S. 1029 (1888).
[5]) Journ. f. Gasbel. Bd. 30 S. 493 (1887).

Ein an einer Seite aufgeschnittenes und dadurch etwas federndes Rohr *a a* wird über den unteren Theil der Lampe geschoben. An der einen Seite trägt es eine Verlängerung *b* von der Breite des Buhe'schen Schirmes, welche auch hier als Schirm zur Abblendung der Flamme dient. In das obere Ende dieses Schirmes ist ein kurzes Rohr *cc* befestigt, in welchem sich ein zweites Rohr *dd* schiebt. An dem vorderen Ende ist eine achromatische Linse *l* angebracht, an dem hinteren eine matte Glasplatte *p* mit einer Millimetertheilung. Der mittlere Strich dieser Theilung liegt in der optischen Axe *ef* dieser Linse, und ausserdem hat diese Axe einen Abstand von 40 mm über dem obersten Rande des Dochtröhrchens der Lampe.

Das Rohr *dd* wird in dem äusseren Rohre *cc* so verschoben, dass das Bild *e* der Flammenspitze *f* scharf auf der matten Glasscheibe *p* eingestellt ist; in dieser Stellung können die beiden Rohre durch eine Schraube gegen einander befestigt werden. Die Flammenhöhe wird dann so regulirt, dass die Spitze des Flammenbildes gerade den 40 - Strich der Theilung berührt. Diese Einstellung ist eine sehr sichere und angenehme, Parallaxe ist ausgeschlossen, da das zu messende Bild und der Maassstab in einer und derselben Ebene liegen. —

Die Versuche der Lichtmess-Commission über das Verhältniss der Helligkeit der Amylacetatlampe zu derjenigen der verschiedenen Kerzen wurde mit Hilfe der zu dem Zwecke hergestellten Photometer angestellt (Beschreibung desselben s. Abschnitt I).

Die Ergebnisse dieser Versuche sind in einem ausführlichen Berichte zusammengefasst[1]); aus demselben sei hier nur wiedergegeben:

1889: Mittel aus 1270 Versuchen 1 Vereinsparaffinkerze = 1,224 Hefnerlampe,
1890: » » 250 » 1 » = 1,223 »
1889: » » 1350 » 1 engl. Wallrathkerze = 1,144 »
1890: » » 510 » 1 » » = 1,129 »

Desgleichen wurden verschiedene Ausführungen der Hefnerlampen, sowie solche verschiedenen Ursprungs von der Commission geprüft und hier allerdings Unterschiede von 1,6—2,8% der erzeugten Helligkeit gefunden, welche in nicht genügend genauer Uebereinstimmung der Maasse der Lampen begründet war.

Desgleichen bearbeitete die Physikalisch - Technische Reichsanstalt gleichzeitig und im Einvernehmen mit der Lichtmess - Commission dieselbe Frage.[2]) Die Versuchsanordnung war folgende:

Zu den Versuchen war eine Photometerbank von besonderer Stärke und Länge, mit sehr leicht aber präcis beweglichen Schlitten hergestellt worden, dessen Einstellungen an einem Nonius abgelesen wurden. Aus einer grossen Zahl von Glühlampen von Siemens & Halske waren zwei ausgesucht, welche vermittels variabler Widerstände auf gleicher, genau controlirter Stromstärke gehalten und deren Färbung durch vorherige Regulirung des elektrischen Stromes nahe gleich derjenigen der Amylacetatlampe gemacht wurden. Von diesen beiden Glühlampen wurde eine bei der Vergleichung mit den Kerzen benützt. Bei diesen Versuchen zeigte sich, dass elektrische Glühlampen bei richtiger Bedienung als vorzügliche constante Vergleichslichtquellen sich erwiesen, weil erstens ihre Färbung der zu vergleichenden Lichtquelle angepasst werden kann, und weil es zweitens möglich ist, die Glühlampe mit dem Photometerschirm fest verbunden gleichzeitig zu verschieben, während die Entfernung zwischen Photometerschirm und der zu prüfenden feststehenden Flamme

---

[1]) Journ. f. Gasbel. Bd. 33 S. 571 (1890).
[2]) Journ. f. Gasbel. Bd. 33 S. 316 (1890).

verändert wird. Dies Verfahren hat, weil die Glühlampe nur dritte Proportionale ist, noch den Vortheil, dass, wenn der Zustand des Photometers während der Versuchsdauer constant bleibt, man weder darauf zu sehen hat, dass der Schirm genau senkrecht zur Bank steht, noch besondere Sorgfalt darauf zu verwenden braucht, dass beide Schirm- und Photometerseiten vollkommen gleiche Wirkung haben, sowie den weiteren Vortheil, dass man die Entfernung zwischen Schirm und Glühlampe bei der ganzen Untersuchung nicht zu kennen braucht, endlich auch noch den Vortheil, dass man auf dem Photometerschirm stets dieselbe Helligkeit hat. Dies bringt nicht nur eine grössere Sicherheit und Gleichmässigkeit bei dem Messen mit sich, weil es das Auge stets mit gleicher Helligkeit zu thun hat, sondern bietet zugleich den Vortheil, dass die Einstellungsempfindlichkeit, die sich mit der Helligkeit ändert, immer dieselbe ist, was die Diskussion der Resultate sehr vereinfacht. Auch der persönliche Fehler ist hier vollkommen eliminirt.

Zunächst wurde die Hefner-Lampe untersucht. Sie wurde auf der linken Seite der Photometerbank in der Höhe des Photometers vermittels eines grossen Krüss'schen Flammenmaasses genau senkrecht eingerichtet, während die Glühlampe auf dem rechten Schlitten mit dem Photometer fest und so verbunden war, dass der Abstand der beiden Indices 1000 mm betrug. Die Entfernung zwischen Photometerschirm und Fadenebene der Glühlampe betrug 200 mm. Auf der linken Seite der Photometerbank war ein Kathetometer Fuess'scher Construction mit Fernrohr zur Beobachtung der richtigen Flammenhöhe der Lampe aufgestellt. Sobald diese erreicht war, wurde die Einstellung ausgeführt, und dann die Entfernung abgelesen.

Bei der Vergleichung der Kerzenflammen wurde genau dieselbe Versuchsweise eingehalten. Bei dem Messen der Flammenhöhe der Kerzen zeigten sich die mehrfach schon hervorgehobenen Mängel, dass sich der untere blaue Flammensaum häufig wegen des hohen Paraffinwalles nicht beobachten lässt, dass der Flammensaum auf der einen Seite des Dochtes wesentlich höher lag, als auf der anderen, dass die Flammenspitze bei grösserer Flammenhöhe gewöhnlich drei Zacken zeigt, von denen der mittlere viel stärker und höher, als die beiden seitlichen ist, dass sich in vielen Fällen gerade, wenn die Flamme nahezu die vorgeschriebene Flammenhöhe von 50 mm erreicht, einer der seitlichen Zacken zu einer langen russigen Spitze verlängert, welche die Beobachtung unmöglich machte und dass bei ein und derselben Kerze die Messungen keine grosse Uebereinstimmung zeigen. Es kam ferner die charakteristische Beobachtung vor, dass die Lichtstärke einer Kerze bedeutend zunahm, während die Flammenhöhe längere Zeit constant auf 50 mm blieb. Nach alledem war und ist eine grosse Uebereinstimmung zwischen den einzelnen Beobachtungen nicht zu erwarten. Als Mittelwerth für die Helligkeit fand man die Kerzenflamme = 0,4123 Glühlampen, wobei der mittlere Fehler des Resultates = ± 0,38 % beträgt. Als Mittelwerth der von Siemens & Halske (Berlin) gelieferten Hefner-Lampen ergab sich, dass die Amylacetatflamme = 0,3547 Glühlampen mit einem mittleren Fehler des Resultates von ± 0,13 % war, während die von A. Krüss (Hamburg) bezogene Hefnerlampe (wie sie von der Lichtmesscommission benutzt wurde) 0,3458 Glühlampen ergab. Für das Verhältniss der Leuchtkraft der Kerze und der Hefner-Lampe wurde gefunden:

für die Siemens & Halske'sche Lampe

$$\frac{\text{Kerze}}{\text{Hefner-Lampe}} = \frac{0{,}4123}{0{,}3546} = 1{,}16 \text{ und}$$

für die Vereinslampe

$$\frac{\text{Kerze}}{\text{Hefner-Lampe}} = \frac{0{,}4123}{0{,}3458} = 1{,}19.$$

In Gemeinschaft mit der Physikalisch-Technischen Reichsanstalt wurde dann von der Lichtmesscommission in der Jahresversammlung des deutschen Vereins von Gas- und Wasserfachmännern 1890 vorgeschlagen [1]), das Verhältniss der Leuchtkraft einer Hefnerlampe zu der Leuchtkraft einer Vereinsparaffinkerze zu 1 : 1,20 mit einer Abweichung von ± 0,05 festzusetzen.

Die weiteren gemeinschaftlichen Berathungen der Lichtmesscommission und Physikalisch-Technischen Reichsanstalt bezogen sich nun noch auf diejenige Gestaltung der Hefnerlampe, welche für eine Beglaubigung derselben erforderlich war, und die Herstellung der Beglaubigungsvorschriften, welche im Jahre 1893 veröffentlicht wurden.[2])

Der Wortlaut derselben ist folgender:

Prüfungsbestimmungen.

Die zweite (technische) Abtheilung der Physikalisch-Technischen Reichsanstalt übernimmt die Prüfung und Beglaubigung von Hefnerlampen nach Maassgabe der folgenden Bestimmungen, welche auf Grund von Vereinbarungen mit dem Deutschen Verein von Gas- und Wasserfachmännern aufgestellt sind.

§ 1.

Die Prüfung hat den Zweck zu ermitteln, ob die Lichtstärke der Lampe, wenn dieselbe mit reinem Amylacetat gebrannt wird, bei der durch die Marke des zugehörigen Flammenmessers angezeigten Flammenhöhe und wenigstens 10 Minuten nach dem Anzünden dem durch die Normale der Reichsanstalt festgestellten Werthe eines »Hefnerlicht« gleichkommt.

§ 2.

Zur Prüfung zugelassen werden nur Hefnerlampen von der in der Anlage angegebenen Einrichtung, sofern ihnen einer der ebenda beschriebenen Flammenmesser und eine Controllehre beigegeben und der Name des Verfertigers sowie eine Geschäftsnummer auf der Lampe verzeichnet ist.

§ 3.

Die Prüfung besteht:
1. in der Controle der wichtigsten Abmessungen,
2. in der photometrischen Vergleichung mit den Normalen der Reichsanstalt unter Benutzung der der Lampe beigegebenen Flammenmesser.

§ 4.

Ergibt die Prüfung, dass
1. die Wandstärke des Dochtrohres um nicht mehr als 0,02 mm im Mehr oder 0,01 mm im Minder, seine Länge um nicht mehr als 0,5 mm im Mehr oder Minder, sein innerer Durchmesser um nicht mehr als 0,1 mm im Mehr oder Minder von dem Sollwerth abweicht, ferner bei aufgesetzter Lehre der Abstand von dem oberen Dochtrohrrande bis zur Schneide der Lehre um nicht mehr als 0,1 mm von seinem Sollwerth abweicht,
2. die Lichtstärke von ihrem Sollwerth um nicht mehr als 0,02 desselben abweichend gefunden ist,

so findet die Beglaubigung statt.

---

[1]) Journal für Gasbeleuchtung Bd. 33 S. 398 u. 597 (1890).
[2]) Journ. f. Gasb. Bd. 36 S. 341 (1893).

§ 5.

Die Beglaubigung geschieht, indem auf den folgenden Theilen der Lampe:

1. dem Gefäss,
2. dem die Dochtführung enthaltenden Kopf,
3. dem Dochtrohr,
4. dem Flammenmesser,
5. der Lehre

die gleiche laufende Nummer nebst einem Kennzeichen der Prüfung angebracht wird. Als letzteres dient der Reichsadler. Ausserdem wird über den Befund der Prüfung eine Bescheinigung ausgestellt, welche die Fehler in der Angabe der Lichtstärke abgerundet auf 0,01 ihres Sollwerthes angibt.

§ 6.

An Gebühren werden erhoben:

1. für die Prüfung und Beglaubigung einer Hefnerlampe mit einem Flammenmesser . . . . M. 3,00
2. für die Prüfung und Beglaubigung einer Hefnerlampe mit Visir und optischem Flammenmesser . . . . » 4,50
3. für die Prüfung und Beglaubigung einer Hefnerlampe mit einem Ersatzdochtrohr und einem Flammenmesser . . . . » 4,50
4. für die Prüfung und Beglaubigung einer Hefnerlampe mit einem Ersatzdochtrohr und beiden Flammenmessern . . . . » 5,50

Charlottenburg, den 30. März 1893.

Physikalisch-Technische Reichsanstalt.

v. Helmholtz.

Beschreibung der Hefnerlampe.

Eine Hefnerlampe mit Visir nach v. Hefner-Alteneck ist in Fig. 9 im Längsschnitt, in Fig. 10 und 12 im Grundriss gezeichnet. Fig. 16 gibt eine Ansicht, Fig. 17 einen Grundriss des Flammenmessers nach Krüss. Ferner zeigen Fig. 18, 19 und 20 die beizugebende Controllehre. Sämmtliche Figuren sind in natürlicher Grösse ausgeführt.

Die eigentliche Lampe besteht aus dem Gefäss A, dem die Dochtführung enthaltenden Kopf B und dem Dochtröhrchen C.

Das Gefäss A dient zur Aufnahme des Amylacetats; es ist aus Messing oder Rothguss hergestellt und im Innern verzinnt.

Der Kopf B trägt in seinem Innern erstens das dochtführende Rohrstück a (Fig. 9 und 10), welches an seinem unteren Theile zwei einander gegenüberliegende rechtwinkligen Ausschnitte enthält, und zweitens das Triebwerk. Das letztere besteht aus zwei Achsen d und d' (Fig. 10), über welche zwei gezähnte, in die genannten rechtwinklige Ausschnitte eingreifende Walzen w und w' (Fig. 9 und 10) geschoben sind. Seitlich von den Walzen und mit diesen fest verbunden, sitzen die Zahnräder e und e'; diese können durch die beiden in sie eingreifenden, auf ein und derselben Achse b sitzenden Schrauben ohne Ende f und f' in einander entgegengesetzter Richtung gedreht werden. Die Achse b endet in dem Knopf g, mit dessen Hilfe das Triebwerk durch die Hand in Bewegung gesetzt wird. Um eine Verschiebung der Achse b in ihrer Längsrichtung zu verhindern, dient zunächst die in Fig. 11 besonders gezeichnete Feder l und ausserdem eine auf der Achse b mitten zwischen den Schrauben f und f' befindliche ringförmige Verstärkung, welche in einer innen an der Decke des Kopfes B sitzenden Metallgabel m läuft. Das dochtführende Rohrstück a ragt über die obere Platte des Kopfes B um etwa 4 mm heraus und trägt

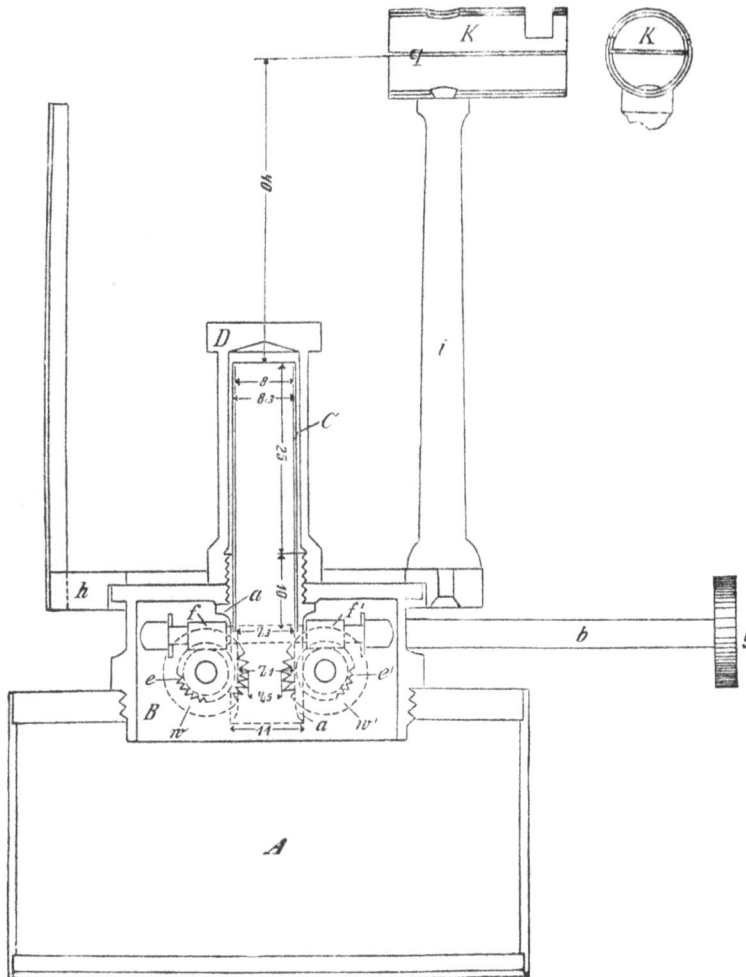

Fig. 9.

an diesem herausragenden Ende aussen ein Gewinde, mit welchem eine das Dochtrohr schützende Hülse D (Fig. 9) aufgeschraubt werden kann. Dicht neben dem Rohrstück a befinden sich in der oberen Platte des Kopfes B zwei einander gegenüberliegende vertikale Oeffnungen von etwa 1 mm Durchmesser, welche zur Zuführung der Luft an Stelle des verbrauchten Brennstoffes dienen. Dieselben liegen so, dass sie bei aufgeschraubter Hülse D von letzterer verdeckt werden.

Das Dochtrohr ist aus Neusilber ohne Löthnaht hergestellt; seine Länge soll 35 mm, sein innerer Durchmesser 8 mm, seine Wandstärke 0,15 mm betragen. Es

wird von oben in das Rohrstück *a* bis an einen an dem letzteren befindlichen vorstehenden Ansatz eingeschoben. Das herausragende Dochtrohrende soll dann 25 mm

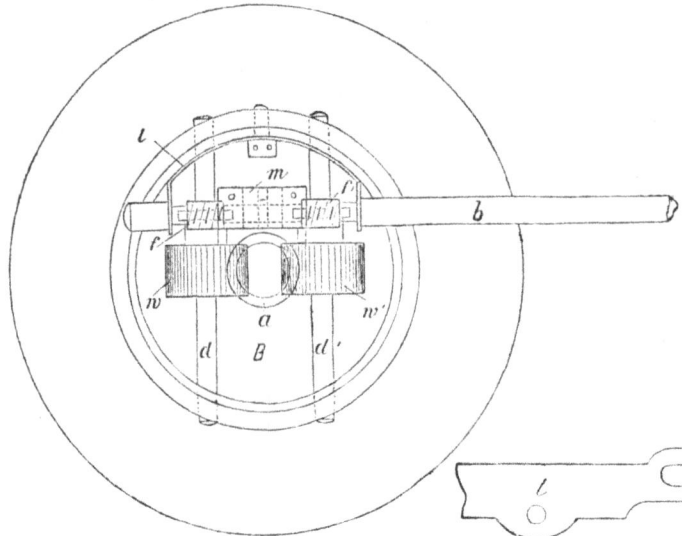

Fig. 10. Fig. 11.

lang sein. Das Dochtrohr muss sich in seiner Hülse mit leichter Reibung bewegen
lassen, so dass es leicht entfernt werden kann, ohne sich jedoch bei der Bewegung
des Dochtes mit diesem hochzuschieben.

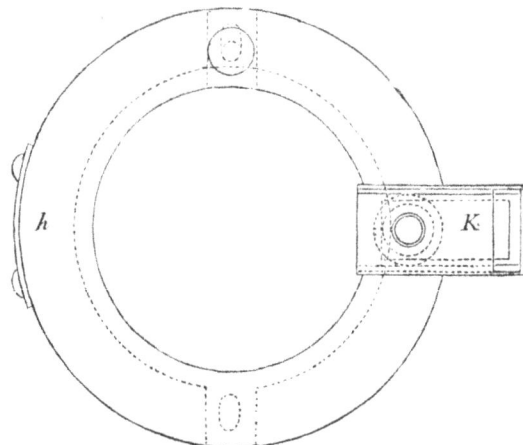

Fig. 12.

Fig. 13. Fig. 14. Fig. 15.

Der Flammenmesser, welcher zur Feststellung der richtigen Flammenhöhe
(40 mm) dient, ist auf einem abnehmbaren, drehbaren und an jeder Stelle fest-
klemmbaren Ring *h* (Fig. 9, 12, 16 und 17) befestigt, welcher auf die obere Platte des

Kopfes *B* aufgesetzt wird. Die Einrichtung der Klemmvorrichtung ist aus Fig. 13 und 14 ersichtlich. Der Träger *i* (Fig. 9 und 16), welcher den Ring mit der eigent-

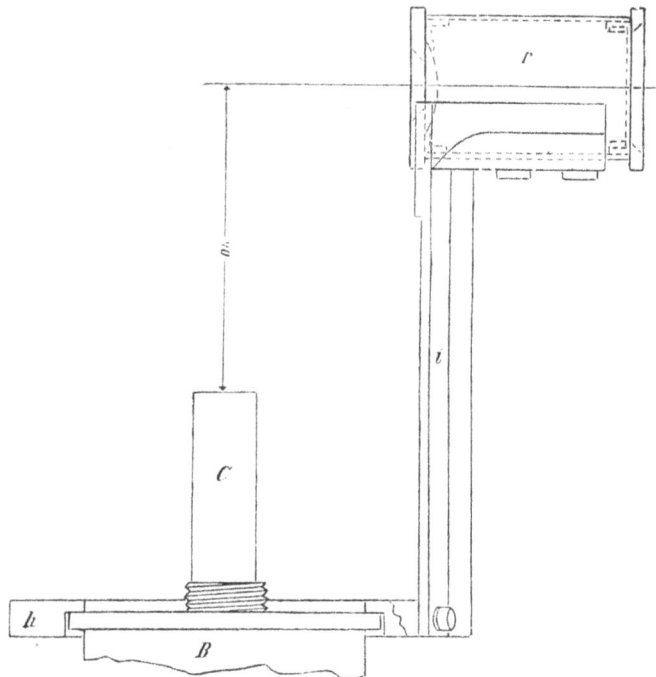

Fig. 16.

lichen Messvorrichtung verbindet, soll so fest sein, dass er ohne mechanische Hilfsmittel nur schwer verbogen werden kann.

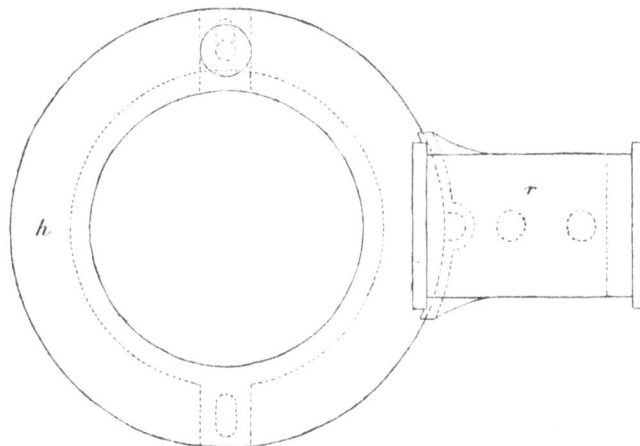

Fig. 17.

Als Messvorrichtung dient entweder ein Visir nach v. Hefner-Alteneck oder eine optische Vorrichtung nach Dr. Krüss. Es können einer Lampe beide Flammenmesser beigegeben werden, jedoch dürfen dann nicht beide auf demselben Ring befestigt sein.

Das Visir K besteht aus zwei in einander geschobenen Rohrstücken mit horizontaler, durch die Achse des Dochtröhrchens hindurch gehender Achse. Das innere Rohrstück ist der Länge nach durchschnitten und trägt ein horizontal liegendes blankes Stahlblättchen q (Fig. 9 und 15) von 0,2 mm Dicke mit einem rechtwinkligen Ausschnitt. Die untere Ebene des Stahlblättchens soll 50 mm über dem oberen Rande des Dochtrohres liegen.

Die optische Vorrichtung r (Fig. 16 und 19) besteht aus einem etwa 30 mm langen Rohrstück, dessen Achse ebenfalls horizontal liegt und durch die Achse des Dochtrohres hindurchgeht. Das Rohrstück ist auf der dem Dochtrohr zugewandten Seite durch ein kleines Objektiv von etwa 15 mm Brennweite geschlossen, auf der

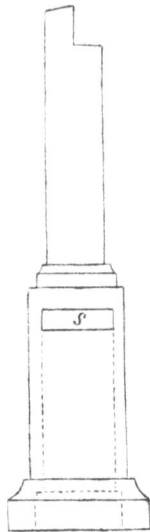

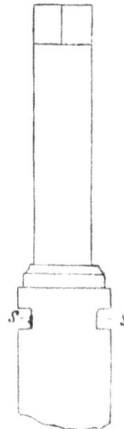

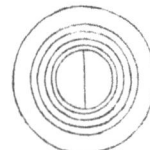

Fig. 18.   Fig. 19.   Fig. 20.

entgegengesetzten Seite durch eine matte Scheibe, welche von feinem Korn sein und dem Objektiv ihre matte Seite zuwenden soll. Die letztere trägt in ihrer Mitte eine horizontale schwarze Marke von nicht mehr als 0,2 mm Dicke. Das durch das Objektiv entworfene Bild der oberen Kante dieser Marke soll genau 40 mm über der Mitte des Dochtrohrrandes liegen.

Kein Theil des Flammenmessers darf abschraubbar oder drehbar sein. Soweit dabei Befestigungsschrauben zur Verwendung kommen, sollen ihre Köpfe um die Schnitttiefe abgefeilt sein.

Die Lehre dient zur Controle der richtigen Stellung des oberen Randes des Dochtrohres, sowie derjenigen des Flammenmessers. Ihre Einrichtung ist aus den Fig. 18, 19 und 20 ersichtlich. Wenn sie über das Dochtrohr geschoben ist, so dass sie auf der Decke des Kopfes B fest aufsteht, so soll beim Hindurchblicken durch den in etwa halber Höhe der Lehre befindlichen Schlitz s (Fig. 18 und 19) zwischen dem oberen Rande des Dochtrohres und der horizontalen Decke des inneren Hohlraumes der Lehre eine feine, weniger als 0,1 mm breite Lichtlinie sichtbar sein, ausserdem muss die Schneide oben an der Lehre bei Benutzung des Visirs in der Ebene der unteren Fläche des Stahlblättchens liegen. Bei Benutzung des optischen Flammenmessers muss die Schneide der Lehre in der oberen

Kante der Marke des Flammenmessers scharf abgebildet werden. Der Abstand zwischen dem oberen Dochtrohrrande und der Schneide der Lehre muss somit genau 40 mm betragen.

Der obere Theil der Lehre hat einen Durchmesser von etwas weniger als 8 mm. Er muss sich leicht in das Dochtrohr hineinschieben lassen und dient zur Herausnahme des letzteren, falls dessen Reinigung nöthig ist.

Die Lehre ist aus Messing und zwar aus einem Stück herzustellen.

Sämmtliche Metalltheile der Lampe ausser dem Dochtrohr und dem Stahlblättchen des Visirs sind mattschwarz zu beizen.

Beglaubigungsschein

für die Hefnerlampe Nr. . . . . . .

Die Lampe trägt die Bezeichnung . . . . .

Ihr sind beigegeben ein Visir nach v. Hefner-Alteneck, ein optischer Flammenmesser nach Krüss, ein Reservedochtrohr und eine Controllehre.

Die Abweichungen von den vorgeschriebenen Abmessungen verblieben bei d . . Dochtrohr . . und der Controllehre innerhalb der für die Beglaubigung vorgeschriebenen Grenzen.

Die Lichtstärke betrug bei der photometrischen Prüfung unter Benutzung des:

	für Dochtrohr a	für Dochtrohr b	
Visirs nach v. Hefner-Alteneck	. . . . .	. . . . .	Hefnerlicht
Flammenmessers nach Krüss	. . . . .	. . . .	»

Da sämmtliche Fehler die für die Beglaubigung zulässigen Grenzen nicht übersteigen, wurde die Lampe mit obiger Prüfungsnummer und dem Reichsadler auf den durch die Beglaubigungsvorschriften bezeichneten Theilen gestempelt.

Diesem Beglaubigungsschein wird eine Beschreibung und Gebrauchsanweisung der Lampe, der Flammenmesser und der Controllehre beigegeben.

Charlottenburg, den . . . . . . 189 . .

Physikalisch-Technische Reichsanstalt.
Abtheilung II.

(Unterschrift.)

Die Rückseite des Beglaubigungsscheines enthält im Auszug Mittheilungen aus den oben wiedergegebenen Prüfungsbestimmungen, sowie nähere Angaben über die Ausführung der Beglaubigung.

Gebrauchsanweisung.
Der Docht.

Die Beschaffenheit des Dochtes ist im Allgemeinen auf die Lichtstärke nicht von Einfluss. Es ist nur darauf zu achten, dass er das Dochtrohr einerseits völlig ausfüllt, andererseits nicht zu fest in dasselbe eingepresst ist. Man benutzt daher am einfachsten eine genügende Anzahl zusammengelegter dicker Baumwollfäden. Da derartige lose Dochte aber von nicht sorgfältig gearbeiteten

Triebwerken bisweilen mangelhaft verschoben werden, ausserdem im Innern des
Gefässes leicht Schlingen bilden und sich dann in den Zahnrädern und Walzen des
Triebwerkes festsetzen, so sind häufig umsponnene Dochte in Gebrauch genommen
worden. Gegen die Benutzung derselben ist nichts einzuwenden, solange sie die
oben angegebene Bedingung einhalten, das Dochtrohr voll auszufüllen, ohne darin
allzusehr eingepresst zu sein.

Das Amylacetat.

Bei der Beschaffung des Amylacetats für die Hefnerlampe muss mit Vorsicht
zu Werke gegangen werden, da das im Handel befindliche Material häufig Bei-
mischungen enthält, welche es für photometrische Zwecke unbrauchbar machen.
Es ist daher nothwendig, das Amylacetat aus einer zuverlässigen Hand-
lung zu beziehen und bei dem Ankauf anzugeben, dass es für photometrische Zwecke benutzt werden soll.

Um den Bezug brauchbaren Amylacetats zu erleichtern, hat es der »Deutsche
Verein von Gas- und Wasserfachmännern« übernommen, geeignetes Amylacetat in
genügender Menge zu beschaffen, es auf seine Brauchbarkeit zu untersuchen, und
durch seine Geschäftsstelle (Hofrath Dr. Bunte in Karlsruhe) in
plombirten Flaschen (von 1 l Inhalt an) abzugeben.

Will man von dieser Gelegenheit, geprüftes Amylacetat zu beziehen, keinen
Gebrauch machen, so ist anzurathen, den anderweitig bezogenen Brennstoff zunächst
auf seine Brauchbarkeit zu untersuchen. Am besten bedient man sich dazu der
folgenden, grösstentheils von Herrn Dr. Bannow angegebenen Proben. Amylacetat ist danach für Lichtmessungen verwendbar, wenn folgende
Bedingungen erfüllt sind:

1. Das specifische Gewicht muss 0,872 bis 0,876 bei 15⁰ C. betragen.
2. Bei der Destillation (in Glaskolben) müssen zwischen 137⁰ und 143⁰ C.
   wenigstens $^9/_{10}$ der Menge des Amylacetats übergehen.
3. Das Amylacetat darf blaues Lackmuspapier nicht stark roth färben.
4. Wird zu dem Amylacetat ein gleiches Volumen Benzin oder Schwefelkohlen-
   stoff gegeben, so sollen sich beide Stoffe ohne Trübung mischen.
5. Schüttelt man in einem graduirten Cylinder 1 ccm Amylacetat mit 10 ccm
   Alkohol von 90% (Tralles) und 10 ccm Wasser, so soll eine klare Lösung
   erfolgen.
6. Ein Tropfen Amylacetat soll auf weissem Filtrirpapier verdunsten, ohne einen
   bleibenden Fettfleck zu hinterlassen.

   Das Amylacetat ist gut verkorkt am besten im Dunkeln aufzubewahren.

Behandlung der Lampe.

Vor der Messung. Nachdem die Lampe mit Amylacetat gefüllt und der
Docht eingezogen ist, wartet man, bis der letztere vollständig durchfeuchtet ist. Man
überzeugt sich, dass das Triebwerk den Docht gut auf- und niederbewegt, ohne das
Dochtrohr mitzuverschieben. Sodann wird der Docht ein wenig aus dem Rohre
herausgeschraubt und das den Rand des Dochtrohres überragende Stück mit einer
scharfen Scheere möglichst glatt abgeschnitten. Hierauf untersucht man mit Hilfe
der beigegebenen Lehre die richtige Stellung des oberen Dochtrohrrandes, sowie des
Flammenmessers, wobei die folgenden Bedingungen erfüllt sein müssen:

Wenn man die Lehre über das Dochtrohr geschoben hat, so dass sie auf dem das Triebwerk tragenden Kopf fest aufsteht, und wenn man dann durch den in ungefähr halber Höhe befindlichen Schlitz gegen einen gleichmässig hellen Hintergrund (Himmel, beleuchtetes weisses Papier) hindurch sieht, so soll zwischen dem oberen Rande des Dochtrohres und der Decke des inneren Hohlraumes der Lehre eine feine, weniger als 0,1 mm breite Lichtlinie sichtbar sein. Die Schneide der Lehre muss bei Benutzung des Visirs in der Ebene der unteren Fläche des Stahlblättchens liegen; bei Benutzung des optischen Flammenmessers muss die Schneide der Lehre in der oberen Kante der Marke des Flammenmessers scharf abgebildet werden.

Die neben dem Dochtrohr befindlichen Löcher dürfen nicht verstopft sein.

Mit der Messung soll frühestens 10 Minuten nach dem Anzünden begonnen werden. Die Temperatur des Beobachtungsraumes soll zwischen 15° und 20° C. liegen.

Während der Messung. Die Lampe soll sich während der Messung auf einem horizontalen Tischchen an einem erschütterungsfreien Platze und in reiner zugfreier Luft befinden. Verunreinigung der Luft, namentlich durch Kohlensäure (durch Brennen von offenen Flammen, Athmen mehrerer Personen), verringert die Leuchtkraft der Hefnerlampe erheblich. Der Photometerraum muss daher vor jeder Messung sorgfältig gelüftet werden. In sehr kleinen Räumen, z. B. ringsum geschlossenen photometrischen Apparaten, darf die Hefnerlampe nicht benutzt werden. Zugluft beeinträchtigt in hohem Grade das ruhige Brennen der Flamme und macht ein hinreichend genaues Einstellen der richtigen Flammenhöhe unmöglich.

Als Lichtmaass dient die Leuchtkraft der Hefnerlampe in horizontaler Richtung bei einer Flammenhöhe von 40 mm vom oberen Rande des Dochtrohres aus gemessen (Hefnerlicht). Die letztere wird mit Hülfe der beigegebenen Flammenmesser eingestellt, und zwar gilt bei Benutzung des Hefner'schen Visirs folgende, von Herrn v. Hefner-Alteneck gegebene Vorschrift:

Der helle Kern der Lampe soll, wenn man durch die Flamme hindurch nach dem Visir blickt, von unten scheinbar an das Visir anspielen. Das schwach leuchtende Ende der Flammenspitze fällt dann nahezu mit der Dicke des Visirs zusammen; erst bei scharfem Zusehen erscheint noch ein Schimmer von Licht bis ungefähr 0,5 mm über dem Visir. Die von der Flamme beschienenen Kanten des Visirs sind stets blank zu halten.

Bei dem Krüss'schen Flammenmesser wird der äussere Saum der Flamme durch die matte Scheibe absorbirt; demgemäss hat man bei Benutzung desselben die Flammenhöhe so zu reguliren, dass die äusserste sichtbare Spitze des Flammenbildes die Marke auf der matten Scheibe berührt. Dabei hat der Beobachter auf die matte Scheibe in möglichst senkrechter Richtung zu blicken.

Die Einstellung der richtigen Flammenhöhe muss mit grosser Sorgfalt ausgeführt werden. Man beachte, dass hier ein Fehler von 1 mm eine Abweichung von etwa 3% in der Lichtstärke hervorbringt.

Es ist darauf zu achten, dass die von der Flamme beschienenen Theile der Lampe (ausser dem Dochtrohr), insbesondere der Flammenmesser, gut matt geschwärzt sind. Scheint dies nicht in genügendem Maasse der Fall zu sein, so thut man gut, zwischen der Flamme und dem Photometerschirm nahe der Lampe einen mit Ausschnitt versehenen schwarzen Schirm anzubringen, der die Reflexe abblendet. Man hat indessen dabei Sorge zu tragen, dass nicht gleichzeitig Theile der Flamme abgeblendet werden.

Nach der Messung. Während des Brennens bildet sich am Rande des Dochtrohres ein brauner, dickflüssiger Rückstand. Derselbe ist möglichst oft, jedenfalls stets nach Benutzung der Lampe, solange dieselbe noch heiss ist, durch Abwischen zu entfernen. Soll die Lampe für längere Zeit nicht wieder benutzt werden, so ist das Amylacetat sowie der Docht daraus zu entfernen und die Lampe gründlich zu säubern. Ist es dabei nöthig, das Dochtrohr herauszunehmen, so soll dies unter Zuhilfenahme des oberen Theiles der Lehre geschehen.

Durch diese amtliche Veröffentlichung war die Möglichkeit der Beglaubigung der Hefnerlampe gegeben. Wie weit davon bisher Gebrauch gemacht worden ist, zeigt folgende Zusammenstellung:

Anzahl und Art der von der Physikalisch-technischen Reichsanstalt geprüften und mit Beglaubigungsschein versehenen Hefnerlampen.

Hefnerlampen	Vom Juli 1893 bis Febr. 1894[1])	Vom 1. März 1894 bis 1. April 1895[2])	Vom 1. April 1895 bis 11. Jan. 1896[3])	Vom 11. Jan. 1896 bis 21. April 1897[4])	Zusammen
mit Visir	30	6	16	32	84
» optischem Flammenmesser	36	27	26	58	147
» Visir und optischem Flammenmesser . .	23	4	2	1	30
» optischem Flammenmesser und Ersatzdochtrohr	5	7	9	13	34
» Visir, optisch. Flammenmesser u. Ersatzdochtrohr	12	10	3	—	25
	106	54	56	104	320

[1]) und [4]) laut gütiger Mittheilung der Physikalisch-Technischen Reichsanstalt.
[2]) Zeitschrift f. Instrumentenkunde Bd. 15 S. 337 (1895).
[3]) 　　„ 　　　„ 　　　　„ 　　　Bd. 16 S. 241 (1896).

Herr Director A. Thomas-Zittau berichtet über den durch ihn bewirkten Vertrieb der Vereinskerzen Folgendes:

Auf der XXIX. Versammlung des Deutschen Vereins von Gas- und Wasser-fachmännern, Juni 1889, in Stettin hat Unterzeichneter das Depot der Deutschen Vereins-Paraffin-Kerzen zur Lichtmessung und die Kerzenabgabe an die Einzelverkäufer übernommen, nachdem bei dieser Versammlung bestimmt worden war, dass der Einzelverkauf der Vereinskerzen nicht mehr durch die Geschäftsführung zu er-folgen habe.

Seit dieser Zeit erfolgte der Verkauf der Vereinskerzen durch Mitglieder der Lichtmess-Commission, nämlich durch die Herren S. Elster, Berlin und Wien, A. Krüss, Hamburg, und Unterzeichneten.

Ueber den früheren Verkauf der Vereinskerzen vor 1888 hat Unterzeichneter Zahlen nicht erhalten können.

Verkauft wurden seit 1888/89 und zwar von da ab in 500 g (Pfund-) Packeten zu 10 Stück mit je einer Anweisung zum Gebrauch der Kerzen:

Vereinsjahr 1889/90	. . .	$138^{1}/_{2}$ kg	=	2770	Stück Vereinskerzen,
» 1890/91	. . .	$95^{1}/_{2}$ »	=	1910	» »
» 1891/92	. . .	$111^{1}/_{2}$ »	=	2230	» »
» 1892/93	. .	$125^{1}/_{2}$ »	=	2510	» »
» 1893/94	. . .	164 »	=	3280	» »
» 1894/95	. . .	65 »	=	1300	» »
» 1895/96	. . .	$84^{1}/_{2}$ »	=	1690	» »
» 1896/97	. . .	137 »	=	2740	» »

In den letzten 8 Jahren zusammen $\overline{921^{1}/_{2}}$ kg = $\overline{18430}$ Stück Vereinskerzen.

Die Ueberwachung der Herstellung, Prüfung auf Güte und Gleichmässigkeit der Vereinskerzen ist seit dieser Zeit Unterzeichnetem allein übertragen gewesen.

Zittau, am 26. Mai 1867.   Dir. A. Thomas.
Schluss der diesj. Kerzenabrechnung.)

III. Photometrische Methoden.

III. Photometrische Methoden.

Bereits auf der ersten Versammlung der Gasinteressenten am 16. October 1865 in Mainz[1]) beschäftigte man sich naturgemäss lebhaft mit der Frage, welches Photometer für praktische Zwecke am meisten zu empfehlen sei. Hier schon neigte man sich ganz entschieden dem Bunsen'schen Fettfleck-Photometer zu, welches auch bei späteren Beratungen und Versuchen stets bevorzugt wurde und noch heute in ausgedehntem Gebrauch ist. Es sei deshalb hier nur kurz auf andere Formen von Photometern hingewiesen, welche besprochen aber nicht allgemein eingeführt wurden.

Zunächst wurde das in Paris übliche Foucault'sche Photometer[2]) verworfen, da das Arbeiten mit demselben für tägliche Versuche zu zeitraubend sei.

S. Elster führte auf der 8. Versammlung in Stuttgart 1868[3]) ein von ihm gefertigtes Foucault'sches Photometer vor. Da die beiden Felder bei demselben unmittelbar aneinandergrenzen, so ist es nach ihm für die Photometrie zweier gleichfarbiger Lichtquellen besser als das Bunsen'sche Photometer, aber bei verschiedenfarbigen Lichtquellen ist letzteres besser, weil in den transparenten Theilen des Schirmes die Farben sich vermischen.

Rüdorff hat das Foucault'sche Photometer in der Modification wie es von S. Elster geliefert wird, untersucht. Er fand dass dasselbe an Empfindlichkeit dem Bunsen'schen Photometer bedeutend nachsteht. Allerdings strengt die Beobachtung mit dem Foucault'schen Photometer die Augen weit weniger an als mit dem Bunsen'schen Apparat. Dem steht aber der grosse Nachtheil gegenüber, dass man mit ersterem nur Lichtquellen von gleicher Färbung vergleichen kann. Deshalb hat Elster den Argandbrenner durch eine daran angebrachte Vorrichtung zur Regulirung des inneren Luftzuges so verändert, dass die Farbe seiner Flamme mit derjenigen der Kerzenflamme in Uebereinstimmung gebracht werden kann.

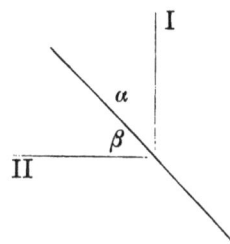

Fig. 21.

[1]) Journal für Gasbeleuchtung Bd. 9 S. 17 (1866).
[2]) Journ. f. Gasbel. Bd. 5 S. 25 (1862).
[3]) Journ. f. Gasbel. Bd. 12 S. 288 (1869).
[4]) Journ. f. Gasbel. Bd. 12 S. 296 (1869).

Sodann kam in jener ersten Versammlung Bothe's Tangentenphotometer[1]) zur Vorzeigung und Besprechung. Die Lichtquellen stehen bei demselben im rechten Winkel zu einander. In einer Kapsel ist der Photometerschirm an einer Theilung drehbar. Zwei rechtwinklig zu einander stehende Röhren sind auf die Lichtquellen gerichtet, durch eine dritte Röhre wird der Photometerschirm beobachtet, derselbe ist mit Fettfleck versehen. Um die Ungleichheit der beiden Seiten des Schirmes zu eliminiren wird der Schirm nach einer Beobachtung um 180 Grad gedreht.

Dann ist

$$J \sin \alpha = J_1 \sin \beta$$
$$\alpha + \beta = 90^0$$
$$J \sin \alpha = J_1 \cos \alpha$$
$$J_1 = J \frac{\sin \alpha}{\cos \alpha} = J \operatorname{tg} \alpha$$

Versuche, welche Rüdorff mit dem Bothe'schen Tangentenphotometer machte, fielen nicht zu Gunsten dieses Instrumentes im Vergleich mit dem Bunsen'schen Photometer aus. Die Messungen strengen die Augen sehr an und die einzelnen Einstellungen weichen beträchtlich von einander ab.[2])

Auch die von Desaga hergestellte Form des Bunsen'schen Photometers, in welchem mittelst einer Hülfsflamme Gas gegen Gas verglichen wird, fand nicht allgemeinen Beifall. Rüdorff machte darauf aufmerksam[3]), dass durch Einführung einer dritten Lichtquelle eine neue Fehlerquelle geschaffen wird und ausserdem ist die Methode, bei welcher auf das Verschwinden des Fettflecks auf einer Papierseite eingestellt wird, weniger genau, als diejenige, bei welcher der Schirm so gestellt wird, dass der Fettfleck auf beiden Seiten gleich dunkel erscheint.

Am meisten in Gebrauch genommen ist das Bunsen'sche Photometer in der in Folgenden schematisch geschilderten Form.

Dieses Photometer beruht bekanntlich darauf, dass ein auf einem Papier befindlicher Fettfleck bei durchfallendem Lichte hell auf dunklem Grunde erscheint, bei auffallender Beleuchtung dunkel auf hellem Grunde, woraus man schliesst, dass bei gleich starker Beleuchtung von beiden Seiten der Fettfleck weder hell auf dunklem Grunde, noch dunkel auf hellem Grunde erscheint, also gänzlich verschwindet, was jedoch nicht vollkommen der Fall ist.

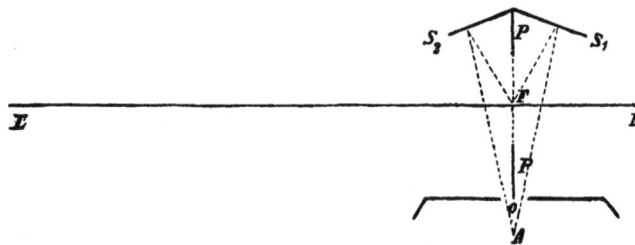

Fig. 22.

Die Anordnung dieses Photometers ist demnach in der Art getroffen, dass zwischen die beiden Lichtquellen L_1 und L_2 der Papierschirm P mit dem Fettfleck F gestellt wird (Fig. 22), so dass die Strahlen von beiden Seiten senkrecht auf den

---

[1]) Journal für Gasbeleuchtung Bd. 9 S. 26 (1866).

[2]) Journ. f. Gasbel. Bd. 12 S. 296 (1869).

[3]) Journ. f. Gasbel. Bd. 12 S. 296 (1869).

Papierschirm treffen. Die gegenseitigen Entfernungen dieser drei Theile werden so regulirt, dass der Fettfleck verschwindet, bezw. auf beiden Seiten gleich stark hervortritt.

Dann verhalten sich die Helligkeiten der beiden Lichtquellen zu einander, wie die Quadrate ihrer Entfernungen von dem Papierschirm S, also wie $(L_1 F)^2 : (L_2 F)^2$.

Um nun die beiden Seiten des Papierschirms gleichzeitig übersehen zu können, wird derselbe nach Angabe von Rüdorff zwischen zwei Spiegel S und S_1 gestellt, welche einen Winkel von etwa 140 Grad mit einander bilden und zwar so, dass er in der Mittellinie dieses Winkels steht. Das beobachtende Auge A blickt dann durch eine Oeffnung O einer undurchsichtigen Wand auf die Spiegel S_1 und S_2.

Auf Vorschlag von Elster wurde auf der Versammlung in Dortmund am 22. Mai 1867[1]) eine Einrichtung des Photometers angenommen, bei der man sowohl mit feststehender als mit beweglicher Lichtquelle arbeiten kann.

Die Länge des Photometers wurde auf 100 Zoll oder 250 cm als zweckmässig festgesetzt. Elster schlug 14″ rhld. für die Entfernung der Kerze vom Schirm für den Fall der festen Verbindung der Kerze mit dem Photometergehäuse vor.

Die Wahl des Photometerpapieres und die Herstellung des Fettfleckes verursachten weitgehende Versuche und Erörterungen, es seien die wesentlichsten derselben hier nur in kurzen Zügen angeführt.

Prof. Rapp[2]) löst Walrath in Benzin auf und tränkt damit das Papier. Drei neben einander stehende Streifen erlauben genauere Einstellung als runde Flecke. Das Walrath wird mit einem Pinsel an einem Lineal auf weisses dünnes Postpapier gestrichen.

Prof. Bothe[2]) warnt vor allzu transparentem Papier, welches durch die Diffusion des Lichtes durch dasselbe ungenau sei.

Auf dieser Versammlung wurde Prof. Rapp's Papier vorgeschlagen und ange‚ nommen. Elster hielt es für zu dünne. Dasselbe hat vier Streifen. Elster's Papier ist dicker, lässt wenig Licht durch und hat zwei Streifen.

Ringförmige Flecke seien nicht vorzuziehen. Elster'sches Papier mit horizontalen Streifen wurde ebenfalls angenommen, bei welchem die Mitte des Schirmes zu beobachten ist, doch sollte damit nicht ausgesprochen sein, dass abweichende Anordnungen zu verwerfen seien. Es wurde ferner darauf aufmerksam gemacht, dass, wenn das Papier dünne ist, die Einstellungen, bei welchen der Fleck rechts und links verschwindet, weiter aus einanderliegen, als wenn es dicker ist; ein vollständiges Verschwinden auf beiden Seiten finde nie gleichzeitig statt.

Prof. Dr. Rüdorff[3]) hat verschiedene Photometerschirme auf die Genauigkeit, mit welcher Einstellungen mittelst derselben zu machen sind, untersucht und zwar solche von Prof. Rapp, S. Elster und selbstgefertigte.

In Bezug auf die Form des Fettfleckes entschied er sich für einen centralen runden Fleck. Schirme mit gefetteten Streifen hielt er für wenig benutzbar, da der Streifen niemals in seiner ganzen Ausdehnung gleichmässig hell oder dunkel erscheint. Bei derjenigen Stellung nämlich, in welcher die Mitte auf beiden Seiten gleich beleuchtet erscheint, kann dieses an anderen Stellen des Papieres nicht der Fall sein. Denn bei ungleicher Entfernung des Papieres von den beiden Lichtquellen ist es

[1]) Journal für Gasbeleuchtung Bd. 10 S. 238 (1866).
[2]) Journ. f. Gasbel. Bd. 9 S 17 (1867).
[3]) Journ. f. Gasbel. Bd. 12 S. 283 (1869).

nur die Mitte des Papieres, welche von den beiderseitigen Lichtstrahlen unter
gleichen Winkeln getroffen wird, auf jeden anderen Punkt des Schirmes fällt das
Licht von der einen Lichtquelle unter einen andern Winkel als von der anderen
und da die Intensität von dem Winkel abhängt, unter welchem das Licht auffällt,
so ist klar, wenn für einen Punkt der Mitte die Intensität auf beiden Seiten gleich
ist, dieses für jeden von der Mitte entfernten Punkt nicht der Fall sein kann. Deshalb sind auch möglichst kleine Papierschirme mit kleinem runden Fettfleck an-
zuwenden.

Rüdorff machte auch Versuche über die günstigste Transparenz des Fettfleckes.
Je transparenter der Fettfleck im Verhältniss zum Papier ist, desto weiter liegen die
beiden Stellungen auseinander, in denen der Fettfleck rechts und links verschwindet.
Mit abnehmender Transparenz wird der Unterschied in diesen beiden Stellungen
immer kleiner und beide fallen schliesslich mit derjenigen Stellung zusammen, in
welcher der Fettfleck auf beiden Seiten gleich dunkel erscheint; dieses letztere tritt
dann ein, wenn der Unterschied in der Transparenz des Fettfleckes und des Papiers
$= 0$ ist, d. h. wenn das Papier gar keinen Fettfleck hat. Es folgt hieraus, dass die
Transparenz des Fettfleckes eine gewisse Grenze nicht unterschreiten darf ohne die
Beobachtung unmöglich zu machen.

Gegen Prof. Rüdorff's Beobachtungen trat S. Elster auf[1], indem er behauptete,
dass Rüdorff nur mit frischen Fettflecken gearbeitet habe, beim Aelterwerden aber
das Fett verharze und seine Transparenz sich ändere und zwar im ungünstigen
Sinne, so dass in der Praxis das Bunsen'sche Photometer bedeutend schlechtere
Resultate liefere als Rüdorff sie gefunden habe. Es sei deshalb sein Modell des
Foucault'schen Photometers, in welchem der Fettfleck ganz beseitigt sei, bedeutend
besser, zumal der Apparat sehr viel kleiner sei und es bei ihm möglich sei, dass
mehrere Personen gleichzeitig beobachten. Auch sei es nothwendig und richtig, den
Unterschied in der Farbe der Kerzenflamme und derjenigen der Flamme des Argand-
brenners durch Regulirung des Luftzuges des letzteren zu beseitigen.

Prof. Dr. Rüdorff machte sodann in längerer Ausführung darauf aufmerksam[2],
dass der Photometerschirm so aufgestellt werden kann, dass

1. der Fettfleck auf beiden Seiten des Papieres dunkel auf hellem Grunde
   erscheint und zwar auf beiden Seiten gleich dunkel,
2. dass der Fettfleck auf der rechten,
3. dass er auf der linken Seite verschwindet.

Vorher hatte bereits C. Bohn[3] denselben Gegenstand behandelt, war aber
in den Schlussfolgerungen zu einem entgegengesetzten Resultate gelangt. Wegen
der Wichtigkeit dieser Frage folgen wir der von H. Krüss gegebenen Darstel-
lung der Sachlage,[4] durch welche der Beweis geliefert wurde, dass Rüdorff im
Rechte war.

Es seien zwei Lichtquellen (Fig. 23) mit den Intensitäten i_1 und i_2 gegeben und
zwischen ihnen der Papierschirm PP mit dem Fettfleck F so aufgestellt, dass er

[1] Journ. f. Gasbel. Bd. 12 S. 416 (1869).

[2] Journ. f. Gasbel. Bd. 12 S. 283 (1869) und Poggendorff's Annalen, Jubelband
S. 234 (1874).

[3] Ann. d. Chemie u. Pharmacie Bd. 117 S. 335 (1859).

[4] Rep. d. Exper.-Physik Bd. 18 S. 54 (1882).

beiderseits gleich hell beleuchtet wird. Die Entfernungen der Lichtquellen von dem Papierschirm mögen dan e_1 und e_2 sein.

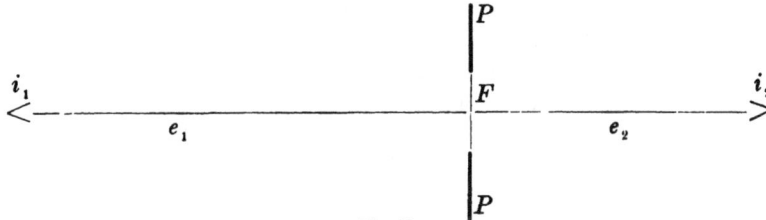

Fig. 23.

Es sollen nun die Coefficienten a, b, c ausdrücken, welche Theile des auffallenden Lichtes von dem nicht gefetteten Papier zurückgeworfen, hindurchgelassen und absorbirt werden, und α, β, γ mögen dieselbe Bedeutung für den Fettfleck haben; dann ist

$$a + b + c = \alpha + \beta + \gamma = 1, \tag{1}$$

und die Vertheilung des Lichtes auf dem Papierschirm wird in folgender Weise stattfinden:

	Beleuchtung der linken Seite	Absorbirt wird	Beleuchtung der rechten Seite
Nicht gefettetes Papier	$a\,\dfrac{i_1}{e_1^2} + b\,\dfrac{i_2}{e_2^2}$	$c\,\dfrac{i_1}{e_1^2} + c\,\dfrac{i_2}{e_2^2}$	$a\,\dfrac{i_2}{e_2^2} + b\,\dfrac{i_1}{e_1^2}$
Fettfleck	$\alpha\,\dfrac{i_1}{e_1^2} + \beta\,\dfrac{i_2}{e_2^2}$	$\gamma\,\dfrac{i_1}{e_1^2} + \gamma\,\dfrac{i_2}{e_2^2}$	$\alpha\,\dfrac{i_2}{e_2^2} + \beta\,\dfrac{i_1}{e_1^2}$

Da vorausgesetzt wurde, dass der Papierschirm sich in solcher Stellung befinde, dass er von beiden Seiten gleich hell beleuchtet wird, so bestehen die beiden Gleichungen

$$\left.\begin{aligned}
a\,\frac{i_1}{e_1^2} + b\,\frac{i_2}{e_2^2} &= a\,\frac{i_2}{e_2^2} + b\,\frac{i_1}{e_1^2} \\
\alpha\,\frac{i_1}{e_1^2} + \beta\,\frac{i_2}{e_2^2} &= \alpha\,\frac{i_2}{e_2^2} + \beta\,\frac{i_1}{e_1^2}
\end{aligned}\right\}$$

oder

$$\left.\begin{aligned}
\left(\frac{i_1}{e_1^2} - \frac{i_2}{e_2^2}\right)(a - b) &= 0 \\
\left(\frac{i_1}{e_1^2} - \frac{i_2}{e_2^2}\right)(\alpha - \beta) &= 0,
\end{aligned}\right\}$$

woraus der vorausgesetzten Abnahme der Helligkeit mit dem Quadrate der Entfernung entsprechend folgt:

$$\frac{i_1}{e_1^2} = \frac{i_2}{e_2^2} = I. \tag{1}$$

Nun ist die Helligkeit

des nicht gefetteten Papiers

$$\left.\begin{aligned}
\text{links} \quad a\,\frac{i_1}{e_1^2} + b\,\frac{i_2}{e_2^2} &= \\
\text{rechts} \quad a\,\frac{i_2}{e_2^2} + b\,\frac{i_1}{e_1^2} &=
\end{aligned}\right\}(a + b)\,I$$

des Fettflecks

$$\left.\begin{aligned}
\alpha\,\frac{i_1}{e_1^2} + \beta\,\frac{i_2}{e_2^2} &= \\
\alpha\,\frac{i_2}{e_2^2} + \beta\,\frac{i_1}{e_1^2} &=
\end{aligned}\right\}(\alpha + \beta)\,I.$$

Der Fettfleck kann also nur dann gleiche Helligkeit mit dem nicht gefetteten Papier besitzen, wenn

$$(a + b) I = (\alpha + \beta) I$$

ist; da aber

$$a + b + c = \alpha + \beta + \gamma = 1$$

ist, so müsste $c = \gamma$ sein. Dieses ist aber nicht der Fall, da die Absorptionen des Lichtes durch das nicht gefettete Papier und durch den Fettfleck verschieden sind. Folglich ist

$$\begin{aligned}(a + b) I &\gtrless (\alpha + \beta) I, \\ \text{wenn} \quad c &\lessgtr \gamma.\end{aligned} \right\} \tag{3}$$

Die Entscheidung der Frage, ob der Fettfleck hell auf dunklem Grunde oder dunkel auf hellem Grunde erscheint, hängt also davon ab, ob der Fettfleck mehr Licht absorbirt als das nicht gefettete Papier oder weniger. Die directe Bestimmung von c und γ könnte hierüber Aufschluss geben, dieselbe ist aber nicht ganz einfach auszuführen und lässt sich durch folgende Betrachtungen vermeiden.

Es gibt nämlich, wie Bohn und Rüdorff gezeigt haben, zwei Stellungen des Papierschirms zu den Lichtquellen, in deren einer der Fettfleck auf der linken Seite des Schirmes verschwindet, also gleiche Helligkeit mit dem umgebenden nicht gefetteten Papier hat, und in deren anderer dasselbe auf der rechten Seite des Schirmes stattfindet.

Es sei zuerst die linke Seite des Papierschirmes betrachtet und angenommen, dass bei gleicher Beleuchtung des Schirmes durch beide Lichtquellen der Fettfleck heller sei als das nicht gefettete Papier, dass also die Ungleichungen bestehen

$$\begin{aligned}c &> \gamma \\ a \frac{i_1}{e_1^2} + b \frac{i_2}{e_2^2} &< \alpha \frac{i_1}{e_1^2} + \beta \frac{i_2}{e_2^2}\end{aligned} \right\}$$

oder
$$a i_1 e_2^2 + b i_2 e_1^2 < \alpha i_1 e_2^2 + \beta i_2 e_1^2. \tag{4}$$

Ferner sei angenommen, dass die Lichtquelle rechts mit der Intensität i_2 in derselben Entfernung e_2 vom Papierschirm stehen bleibe und dass die Entfernung e_2 der linken Lichtquelle (i_1) vergrössert werden muss, damit der Fettfleck auf der linken Seite verschwinde. Es sei diese Entfernung $e_1 + x$, wo x eine positive Grösse ist.

Dann ist

$$a \frac{i_1}{(e_1 + x)^2} + b \frac{i_2}{e_2^2} = \alpha \frac{i_1}{(e_1 + x)^2} + \beta \frac{i_2}{e_2^2}$$

oder
$$a i_1 e_2^2 + b i_2 (e_1 + x)^2 = \alpha i_1 e_2^2 + \beta i_2 (e_1 + x)^2.$$

Subtrahirt man hiervor die Ungleichung 4, so ergibt sich

$$b i_2 (2 e_1 x + x^2) > \beta i_2 (2 e_1 x + x^2)$$

oder
$$b > \beta.$$

Ebenso soll nun die rechte Seite des Papierschirmes beleuchtet und dieselbe Annahme gemacht werden, dass in der ursprünglichen Stellung der Fettfleck heller sei als das nicht gefettete Papier. Für die rechte Seite bestehen also die Ungleichungen

$$c > \gamma$$

$$a \, \frac{i_2}{e_2^2} + b \, \frac{i_1}{e_1^2} < \alpha \, \frac{i_2}{e_2^2} + \beta \, \frac{i_1}{e_1^2} \Biggr\}$$

oder $\qquad a i_2 e_1^2 + b i_1 e_2^2 < \alpha i_2 e_1^2 + \beta i_1 e_2^2.$ (5

Wenn die Annahme richtig war, dass die Entfernung e_1 vergrössert werden musste, um den Fettfleck links zum Verschwinden zu bringen, so muss jetzt an-genommen werden, dass die Entfernung e_1 verkleinert werden muss, damit der Fettfleck auf der rechten Seite verschwinde. Ist in diesem Falle die Entfernung der Lichtquelle i_1 von dem Papierschirm $= e_1 - y$ (wo y wieder eine positive Grösse ist), so ist

$$a \, \frac{i_2}{e_2^2} + b \, \frac{i_1}{(e_1 - y)^2} = \alpha \, \frac{i_2}{e_2^2} + \beta \, \frac{i_1}{(e_1 - y)^2}$$

oder $\qquad a i_2 (e_1 - y)^2 + b i_1 e_2^2 = \alpha i_2 (e_1 - y)^2 + \beta i_1 e_2^2.$

Subtrahirt man hiervon die Ungleichung 5, so erhält man

$$a i_2 (- 2 e_1 y + y^2) > \alpha i_2 (- 2 e_1 y + y^2)$$

oder $\qquad - a i_2 (2 e_1 y - y^2) > - \alpha i_2 (2 e_1 y - y^2).$

Da y klein ist im Vergleich zu $2 e_1$, so ist der Ausdruck $2 e_1 y - y^2$ positiv, also

$$- a > - \alpha$$

oder $\qquad a < \alpha.$

Unter den beiden Voraussetzungen, dass

1. $c > \gamma$,
2. die Entfernung e_1 vergrössert werden muss, um den Fettfleck links, dass sie verkleinert werden muss, um ihn rechts gleich hell mit dem nicht ge-fetteten Papier zu machen,

ergibt sich also

$$a < \alpha$$
$$b > \beta.$$

Dieses widerspricht jedoch der Wirklichkeit. Bekanntlich erscheint bei auf-fallendem Lichte der Fettfleck dunkler als das nicht gefettete Papier, also ist $a > \alpha$, und bei durchfallendem Lichte heller als das umgebende Papier, also ist $b < \beta$. Infolge dessen muss unter der Voraussetzung 2), welche über die Veränderung in der Entfernung e_1 gemacht wurde, nicht $c > \gamma$, sondern $c < \gamma$ sein, und die Entscheidung der Frage, ob bei gleicher Beleuchtung von beiden Seiten der Fettfleck hell auf dunklem oder dunkel auf hellem Grunde er-scheint, ergibt sich durch die experimentelle Prüfung über die Veränderung e_1, wenn man den Fettfleck links resp. rechts zum Verschwinden bringt.

Nun sagt Bohn, dass der Fettfleck auf der rechten Seite nur dann verschwindet, wenn die Beleuchtung auf der linken Seite grösser, also die Enfernung der Licht-quelle i_1 von dem Schirme verkleinert wird. Rüdorff gibt eine Reihe von Messungen an über die Stellung des Schirmes, wenn der Fettfleck links und rechts verschwindet; aus seinen Zahlen geht ebenfalls hervor, dass der Fettfleck links verschwindet bei Vergrösserung, rechts bei Verkleinerung der Entfernung e_1, und auch ich habe solches stets bestätigt gefunden. Es wird also die den vorhergehenden Betrach-tungen zu Grunde gelegte Voraussetzung 2) erfüllt, wodurch constatirt ist, dass $c < \gamma$ sein muss, d. h. bei gleicher Beleuchtung des Papierschirms von

beiden Seiten erscheint der Fettfleck beiderseits **dunkler** als das
nicht gefettete Papier.

Bohn und Rüdorff hatten gezeigt, dass sich aus den beiden Stellungen des
Papierschirms, in welchen der Fettfleck links und rechts verschwindet, die mittlere
Stellung desselben, also das richtige Intensitätsverhältniss der beiden mit einander
verglichenen Lichtquellen durch Rechnung ermitteln lässt. Beide gingen jedoch von
der Voraussetzung aus, dass das Normallicht und der Papierschirm sich in constanter Entfernung von einander befinden und nur die Entfernung der zu messenden
Lichtquelle von dem Papierschirm variabel sei. Solches ist allerdings bei dem von
Bunsen selbst angegebenen Modell seines Photometers der Fall; es gibt jedoch eine
grosse Anzahl Photometer, bei welchen die beiden Lichtquellen an den beiden Enden
eines festen Maassstabes angebracht sind und der Papierschirm zwischen ihnen verschiebbar ist, so dass sich die Entfernungen der beiden Lichtquellen von demselben ändern.

Es lässt sich nun leicht eine ganz allgemeine Beziehung zwischen den bezeichneten drei Stellungen des Papierschirms aufstellen, aus welcher die von Rüdorff und
Bohn betrachteten speciellen Fälle abgeleitet werden können.

Wenn der Fettfleck links verschwindet, so seien die Entfernungen der Lichtquellen i_1 und i_2 von dem Papierschirm E_1 und E_2; dann ist also

$$\frac{i_1}{E_1^2} + b\,\frac{i_2}{E_2^2} = a\,\frac{i_1}{E_1^2} + \beta\,\frac{i_2}{E_2^2}$$

$$\frac{i_1}{E_1^2}(a - a) + \frac{i_2}{E_2^2}(b - \beta) = 0$$

oder
$$\frac{E_1^2}{E_2^2} = -\frac{a - a}{b - \beta}\cdot\frac{i_1}{i_2}. \qquad (6$$

Für den Fall, dass der Fettfleck rechts verschwindet, seien die entsprechenden
Entfernungen der Lichtquellen von dem Papierschirm E'_1 und E'_2. Dann muss sein

$$a\,\frac{i_2}{E'_2{}^2} + b\,\frac{i_1}{E'_1{}^2} = a\,\frac{i_2}{E'_2{}^2} + \beta\,\frac{i_2}{E'_1{}^2}$$

$$\frac{i_2}{E'_2{}^2}(a - a) + \frac{i_1}{E'_1{}^2}(b - \beta) = 0$$

oder
$$\frac{E'_1{}^2}{E'_2{}^2} = -\frac{b - \beta}{a - a}\cdot\frac{i_1}{i_2}. \qquad (7$$

Durch Multiplication der Gl. 6 und 7 mit einander ergibt sich

$$\frac{i_1^2}{i_2^2} = \frac{E_1^2}{E_2^2}\cdot\frac{E'_1{}^2}{E'_2{}^2}$$

$$\frac{i_1}{i_2} = \sqrt{\frac{E_1^2}{E_2^2}\cdot\frac{E'_1{}^2}{E'_2{}^2}}; \qquad (8$$

d. h. das rictige Intensitätsverhältniss $\frac{i_1}{i_2}$ der beiden Lichtquellen
zu einander ist gleich dem geometrischen Mittel aus denjenigen
Intensitätsverhältnissen $\frac{E_1^2}{E_2^2}$ und $\frac{E'_1{}^2}{E'_1{}^2}$, welche den beiden Stellungen
entsprechen, in denen der Fettfleck links und rechts verschwindet.

Rüdorff weist für den Fall, dass die Normalflamme sich in constanter Entfernung
von dem Papierschirm befindet, nach, dass das geometrische Mittel aus den beiden

Entfernungen der zu prüfenden Lichtquelle von dem Papierschirm, wenn der Fettfleck links und rechts verschwindet, gleich der Entfernung dieser Lichtquelle von dem Papierschirm ist, wenn dasselbe auf beiden Seiten gleich hell beleuchtet ist.

Für die Rüdorff'sche Annahme ist also

$$E_2 = E'_2 = e_2.$$

Folglich wird Gl. 8

$$\frac{i_1}{i_2} = \sqrt{\frac{E_1^2 \cdot E'^2_2}{e_2^2 \cdot e_2^2}} = \frac{E_1 \cdot E'_1}{e_2^2},$$

und da nach Gl. 2

$$\frac{i_1}{i_2} = \frac{e_1^2}{e_2^2} \text{ ist,}$$

so ist

$$e_1^2 = E_1 \cdot E'_1. \tag{9}$$

Endlich ist noch hinzuzufügen, dass Rüdorff bei der Berechnung seiner Beobachtungen ohne Weiteres das allgemeine Gesetz benutzt, welches durch Gl. 8 ausgedrückt wird, während er im Vorhergehenden nur obigen speciellen Fall betrachtet hat und auch die Anordnung seiner Beobachtungen demselben entsprechen; er musste natürlich trotzdem zu richtigen Rechnungsresultaten gelangen.

Aus Rüdorffs Erörterungen und mitgetheilten Messungsergebnissen ist noch als wichtig hervorzuheben, dass die Schwankungen in der Einstellung am kleinsten sind, wenn man auf gleiche Helligkeit der beiden Seiten des Photometerschirmes einstellt, da bei Beobachtung des Verschwindens des Fettflecks auf der einen Seite das Auge leicht in verschiedene Lagen zum Schirm gebracht werden kann, wodurch das Verschwinden des Fettfleckes beeinflusst wird. —

Die Lichtmess-Commission hatte bevor sie die Vergleichungen zwischen der Hefnerlampe und der Kerzen mit Hülfe des Bunsen'schen Photometers ausführte, sehr eingehende Versuche über die Verschiedenheit der beiden Seiten des Photometerschirms gemacht.

Das Ergebniss der angestellten Versuche war folgendes:[1]

Von den 27 von der Commission benutzten Schirmen, welche mit den Photometern und allem Zubehör von A. Krüss in Hamburg waren geliefert worden, entsprachen nur sieben oder 26% der Arbeitsplananforderung, dass sie zwischen den Ergebnissen der beiden Papierseiten nicht über 2% Unterschied nachweisen dürfen. Dieser Unterschied lag bei den brauchbaren Schirmen zwischen 0,09 bis 2% und war im Durchschnitt aller 7 = 0,62%.

Die 20 nicht verwendbaren Schirme wiesen 2,05 bis 6,03% und im Mittel 3,88% Unterschied zwischen beiden Seiten auf. Es lag also sicher in der grossen Verschiedenheit der Schirme eine nicht unwesentliche Fehlerquelle. Um zu ermitteln, ob andere Photometerschirme ähnliche Abweichungen zeigten, wurden sowohl von A. Krüss in Hamburg als von Siegmar Elster in Berlin eine fernere Anzahl von Papieren erbeten. Die Aufforderung, auch von anderswoher solche einzusenden, blieb ohne Erfolg. Alle diese Schirme (43 an der Zahl) wurden in gleicher Weise und mit derselben Vorrichtung untersucht, wie die ersten 23 zu den Vereinsphotometern gehörigen. Unter ihnen waren nur acht, welche den Vorschriften des Arbeitsplanes nicht entsprachen, weil sie 3,03% Verschiedenheit der Ablesungen von beiden Seiten zeigten. Alle übrigen 35 Schirme waren zuverlässig für die Versuche und

---

[1] Journ. f. Gasbel. Bd. 33 S. 575 (1290).

Dr. Krüss, Bericht über die Arbeiten der Lichtmess-Commission. 7

gaben zwischen 0 (voller Uebereinstimmung beider Seiten) und 1,94 %, im Durch-
schnitte nur 0,725 % Abweichung.

Aus diesen Versuchen geht hervor, dass die Fabrikanten in der Anfertigung
solcher Schirme soweit vorangeschritten sind, dass man an die Photometerpapiere
unbedenklich die Anforderung stellen kann, dass ihre beiden Seiten in ihren Leistungen nicht mehr als 1 % von einander abweichen dürfen. Waren doch unter
den 43 geprüften Schirmen nur 10 oder etwa 44 %, welche mehr als 1 % Unterschied zeigten.

Unter diesen Schirmen wurden die in ihren Ergebnissen gut übereinstimmenden für alle ferneren Versuche, sowohl für die von einzelnen als gemein-
sam von mehreren oder allen Commissionsmitgliedern angestellten ausschliesslich
verwendet.

Zu den Schirmen ist im Allgemeinen noch zu bemerken, dass die aus gleicher
Fabrikation herrührenden ein ganz verschiedenes Verhalten zeigten, die Flecken und
Striche bald beiderseits gleichmässig und ganz verschwinden liessen, bald rasch und
leicht einstellbar waren, bald aber auch diese guten Eigenschaften nur einerseits
zeigten, während die andere Seite nur schwer und unsicher einzustellen war. Während
bei den einen der Uebergang im Wechsel der Farbe des Fleckes (von hell nach
dunkel oder umgekehrt) plötzlich und leicht sichtbar erfolgte, verblieb bei anderen
die Gleichmässigkeit der Färbung während der Verschiebung des Kopfes mit dem
Schirme um mehrere Millimeter, was eine grosse Unsicherheit der Ablesung des
Schirmstandes im Gefolge hatte. Auch bei den Schirmen, bei welchen der sog.
Fettfleck keine bestimmte Umgrenzung hatte, waren die Beobachtungen schwer übereinstimmend auszuführen und kamen starke Schwankungen vor.

In sehr eingehender Weise erörterte auch L. Weber die Theorie des Bunsen-
schen Photometers[1] und kam dabei zu ähnlichen Schlussfolgerungen. Er machte
noch darauf aufmerksam, dass a + b + c und $\alpha + \beta + \gamma$ nicht = 1 sind, wenn
man unter schiefer Richtung auf den Schirm sieht, wie es immer der Fall ist. Er
zog ferner die Folgerung, dass der Schirm am empfindlichsten ist, wenn das Papier
möglichst matt, weiss und undurchsichtig, der Fettfleck aber möglichst wenig weiss
und möglichst durchsichtig ist, und stellte fest, dass die Empfindlichkeit des Bunsen-
schen Schirmes geringer ist, als diejenige des Foucault'schen.

Es sei hier auch noch hingewiesen auf den Beitrag zur Theorie des Bunsen-
schen Photometers den E. Liebenthal lieferte[2] gelegentlich seiner Arbeiten über die
Hefnerlampe.

Die bisher betrachtete Form des Bunsen-Photometers hat nun bei allen ihren
Vorzügen doch zwei Nachteile. Ist die Entfernung der Lichtquelle von dem Schirm
nicht eine im Verhältniss zu den Dimensionen des Schirmes sehr grosse, so fallen
die Strahlen nicht auf alle Theile des Schirmes nahezu senkrecht auf und die Beleuchtung der ganzen Fläche ist keine gleichmässige. Eine Folge hiervon ist, dass
die Einstellung des Schirmes eine andere wird, so bald man das Auge aus der
Mittellinie etwas nach der Seite bewegt. Es lässt sich natürlich die richtige Stellung
des Auges leicht fixiren durch Anbringung einer Blendung mit einer nicht zu grossen
Oeffnung, durch welche das Auge zu blicken hat.

---

[1] Wied. Ann. Bd. 31 S. 676 (1887).
[2] Journ. f. Gasbel. Bd. 32 S. 76 (1889).

Ein grosser Uebelstand des Bunsen'schen Photometers mit den beiden Spiegeln ist aber der, dass die beiden mit einander zu vergleichenden Bilder des Fettfleckes sehr weit von einander entfernt sind. Dieser Nachtheil ist bei der vorliegenden Konstruktion nicht zu vermeiden, da man wegen des Schattens, welchen die Spiegel selbst auf den Papierschirm werfen, dem Fettfleck immer eine beträchtliche Entfernung von dem Scheitel des Winkels der Spiegelebenen geben muss. Wenn man auch mittelst einiger Übung eine ziemliche Genauigkeit der Beobachtungen erzielt, so ist die Notwendigkeit, zwei Flächen mit einander zu vergleichen, die weit auseinander liegen, vielfach ein Grund, welcher von vorneherein von der Benutzung des Bunsen-Photometers abschreckt und die Wahl auf das Foucault-Photometer fallen lässt.

Von Hefner-Alteneck[1]) und von Krüss[2]) sind Mittel angegeben worden, den grossen Vorzug des Bunsen-Photometers, die Benutzung eines Fettfleckes, mit dem Vorzug des Foucault-Photometer, die Vergleichung zweier in einer feinen Linie hart aneinander stossender Flächen, zu verbinden. In beiden Constructionen werden Prismen benutzt, durch welche die Bilder der beiden Seiten des Schirmes in unmittelbare Berührung zu einander gebracht werden. In Bezug auf die Einzelheiten muss hier auf die betreffenden Veröffentlichungen hingewiesen werden.

Desgleichen kann eine Abart des Bunsen'schen Photometers, das sogenannte Compensations-Photometer von Krüss[3]) hier nur angedeutet werden. Es sollte seine Anwendung bei photometrischer Vergleichung zweier verschiedenfarbiger Lichtquellen finden; seine Construcktion beruht darauf, dass durch geeignet angebrachte Spiegel von der stärkeren Lichtquelle ein messbarer Theil der Strahlung auf diejenige Seite des Photometerschirmes geworfen wird, welche sonst nur von der schwächeren Lichtquelle beleuchtet ist, wodurch eine Mischung der beiden verschiedenfarbigen Strahlungen entsteht und damit eine Herabminderung des Farbenunterschiedes der beiden Seiten des Schirmes.

Ebenso sei auf Arbeiten über den Einfluss der Länge der Photometerbank auf das Messungsresultat wie sie von Krüss[4]), Coglievina[5]) und Strecker[6]) geliefert wurden nur hingewiesen. Sie beschäftigen sich mit der Erörterung, in wie weit das Nichtzutreffen der Voraussetzung, man habe es bei photometrischen Messungen mit punktförmigen Lichtquellen zu thun, einen Einfluss auf das Resultat haben können.

L. Weber wurde durch seine Untersuchungen über die verschiedenen Photometerconstructionen zu der Angabe eines neuen Photometers geleitet, welches im wesentlichen folgende Einrichtung besitzt (Fig. 24). Es ist dieses Instrument allerdings nicht Gegenstand der Untersuchung seitens der Lichtmesscommission gewesen, aber es ist doch so vielfach verbreitet, dass eine kurze Beschreibung hier angemessen erscheint.

Es besteht aus einem festen Tubus, einem rechtwinkelig dazu drehbaren Tubus und der Säule, die als Träger des Instrumentes auf dem Kasten festgeschraubt wird.

Der feste Tubus trägt eine Millimeterscala an seinem mittleren Theil; nach rechts mit Bajonnetverschluss befestigt, setzt sich das Lampengehäuse an mit einer Benzinkerze; am linken Ende befindet sich ein Gradbogen, auf welchen ein Index spielt, der sich mit dem beweglichen Tubus dreht.

---

[1]) Journ. f. Gasbel. Bd. 27 S. 830 (1883). [2]) Ebenda Bd. 28 S. 587 (1884). [3]) Ebenda Bd. 28 S. 685 (1885). [4]) Ebenda Bd. 29 S. 886 (1886). [5]) Ebenda Bd. 30 S. 88 (1887). [6]) Ebenda Bd. 30 S. 229 (1887).

Der feste Tubus enthält einen Ring mit einer Milchglasplatte, welche durch den
Knopf mit Trieb- und Zahnstange hin- und herbewegt werden kann. Ein Zeiger
gibt auf der Millimeterscale stets die Entfernung der Milchglasplatte von der Benzinkerze an. Im Gehäuse befindet sich ein fester Haken zur Regulirung der Flammenhöhe, sowie eine auf einem Spiegel befestigte Scala, an welcher die Flammenhöhe
abgelesen werden kann. Der bewegliche Tubus lässt sich um circa 180° drehen
und in jeder Stellung festklemmen. Er besitzt (in der Figur nach abwärts gedreht)

Fig. 24.

eine Ocularöffnung und in der Mitte ein Reflexionsprisma[1]), dessen eine Kathetenfläche der Mittelaxe, dessen andere Kathetenfläche der Ocularöffnung zugekehrt ist.
Das aus dem festen Tubus kommende Licht wird mittelst des Prismas um 90° ab-
gelenkt und so dem Beobachter sichtbar. Der Blechkasten am anderen Ende des Tubus,
auf welchen noch ein Abblendungsrohr gesetzt werden kann, dient zur Aufnahme von
einer oder mehreren Milchglasplatten. Das von hier kommende Licht füllt den
linken Theil des Gesichtsfeldes, während in der rechten Hälfte nur Licht aus dem
festen Rohre vorhanden sein kann.

An dem Okulartheile befindet sich ein Schieber mit rother und grüner Glasplatte
und mit einer freien Oeffnung, so dass Einstellungen mit natürlichem weissen, grünen
oder rothen Lichte gemacht werden können. Ausserdem hat das Ocularende noch
ein vorschlagbares Reflexionsprisma, welches bei senkrecht oder schräg einfallendem
Lichte, der grösseren Bequemlichkeit, angewendet wird.

---

[1]) Anstatt dieses Reflexionsprismas wird in neuerer Zeit meistens die Lummer
Brodhun'sche Prismencombination benützt.

Bei Messung von punktförmigen Lichtquellen, die gleiche Farbe wie das Normallicht (Benzinkerze) haben, wird der Apparat in der beschriebenen Weise aufgestellt, das bewegliche Rohr auf die Flamme gerichtet und die Benzinkerze auf 20 mm Flammenhöhe eingestellt. Man schiebt nun eine Milchglasplatte in den Kasten, misst deren Entfernung (R) von der Lichtquelle und ändert die Entfernung (r) der beweglichen Glasplatte von der Benzinkerze so lange, bis beide Gesichtsfeldhälften gleiche Helligkeit zeigen. Sollte dies bei einer Platte nicht möglich sein, so setzt man mehrere ein. Den Einfluss der Platten bestimmt man dadurch, dass man sie zuerst auf eine Normalkerze richtet und nach der Formel $J = \dfrac{R^2}{r^2} \, C$, worin $J = 1$ wird, den Werth C, das heisst, die Plattenconstante findet. Diese Constanten für alle Platten bestimmt man ein- für allemal. Wäre z. B. nun bei der Untersuchung einer Lichtquelle $R = 100$ cm und $r = 25{,}5$ cm gewesen, während $C = 0{,}33$ schon früher bestimmt wurde, so ist die Intensität der untersuchten Flamme

$$J = \frac{100 \times 100}{25{,}5 \times 25{,}5} \times 0{,}33 = 5{,}07 \text{ Kerzen.}$$

Bei diffusem Lichte von gleicher Farbe mit dem Normallichte kann man einen weissen Carton benützen, welchen man in der gewünschten Neigung an jenem Ort aufstellt, wo gemessen werden soll. Der drehbare Tubus wird auf die Mitte des Cartons gerichtet, wobei im Allgemeinen die Entfernung gleichgiltig ist. Es wird nun, wie vorher erwähnt, eine Einstellung gemacht und die Beleuchtungsstärke nach Ablesung von r aus der Formel $E = \dfrac{10000}{r^2} \, C_1$ gefunden, wobei C_1 ein constanter Coefficient ein- für allemal zu bestimmen ist und je nachdem man ohne oder mit Platten einstellt, verschiedene Werthe hat.

Wäre in einem gegebenen Falle $C = 0{,}0757$ und $r = 18{,}5$ cm, so ist $E = 2{,}21$ Meterkerzen.

Wenn nun sowohl in diesem Falle, als auch im vorhergehenden sich gezeigt haben sollte, dass die Farbe der zu untersuchenden Lichtquelle nicht mit jener der Benzinkerze übereinstimmt, ein Fall, der eine Einstellung auf gleiche Helligkeit beider Gesichtsfeldhälften unmöglich macht, so ist der Vorgang etwas anders. Man muss dann zwei Ablesungen machen, und zwar eine mit dem grünen und eine mit dem rothen Glase. Es ist dann das für Roth gefundene Resultat noch mit einem Factor k zu multipliciren; k ist für röthlichere Flammen als die Benzinkerze kleiner als Eins und für weisslichere grösser als Eins. Er hängt ganz von der Farbennüance der Lichtquelle ab. Es hat sich gezeigt, dass sich k gleichzeitig mit der Zahl ändert, die sich durch Division von der mit grünem Glase (Gr) durch die mit rothem Glase (R) gefundene Intensität oder Helligkeit ergibt.

Man kann nun für einzelne Lichtgattungen vorher eine Tabelle zusammenstellen, welche die dem Verhältnisse $\dfrac{Gr}{R}$ entsprechenden Werthe für k direkt angibt.

Zu den Versuchen, welche die Physikalisch-technische Reichsanstalt auf Anregung des Deutschen Vereins von Gas- und Wasserfachmännern über die in der Technik gebräuchlichen Lichteinheiten anstellte, wurde zunächst das Bunsen'sche Photometer in Folge seiner allgemeinen Verbreitung in den betheiligten Fachkreisen benutzt. Die dabei auftretenden Uebelstände, wie Verschiedenheit der Einstellung bei Benutzung

7 **

der einen oder der anderen Schirmseite, Veränderlichkeit und geringe Empfindlichkeit, veranlassten die Herren Dr. Lummer und Brodhun[1]), über die photometrischen Methoden selbst eingehende Versuche anzustellen, um wenn möglich eine Vorrichtung zu finden, die den folgenden theoretisch aufzustellenden Forderungen genügte:

1. Jedes der zu vergleichenden Felder darf nur Licht von einer Lichtquelle erhalten;

2. die Grenze, in der die beiden Felder zusammenstossen, muss möglichst scharf sein und

3. im Moment der Gleichheit vollständig verschwinden.

Als praktische Bedingungen treten hinzu:

4. Die Vorrichtung soll möglichst unveränderlich sein;

5. die Vertauschung der beiden Seiten der Vorrichtung soll die Einstellung nicht ändern.

Zur Erläuterung des hierbei benutzten Princips gehen wir von der Fig. 25 aus. Es seien l und λ diffus leuchtende Flächen, A und B sei eine derartige Combination zweier rechtwinkliger Glasprismen, dass an gewissen Stellen (pq und hi) der Hypotenusenfläche des Prismas B das von λ kommende Licht nach O reflektirt wird, während es an den übrigen Stellen (qh) durch das Prisma hindurch nach r geht. Das Umgekehrte soll bei den von l ausgehenden Strahlen in Bezug auf die Hypotenusenfläche des Prismas A stattfinden. Akkomodirt ein bei O befindliches Auge auf die Fläche $pqhi$, so erblickt es also den Theil qh derselben in dem Lichte von l, den Theil pq und hi in dem Lichte von λ erleuchtet. Bei einem gewissen Intensitätsverhältniss der Felder l und λ wird $pqhi$ als eine vollständig gleichmässig helle Fläche erscheinen.

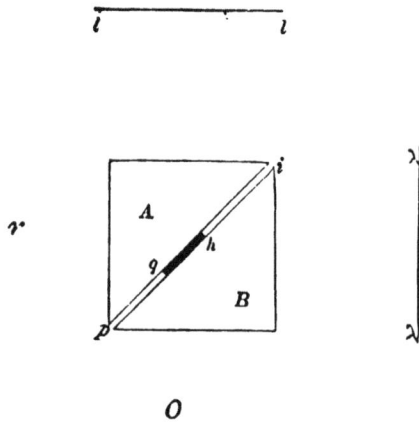

Fig. 25.

Geeignete Prismencombinationen lassen sich in verschiedenster Weise herstellen; zumeist benutzt wurde die folgende:

Die kugelförmige Oberfläche des Prismas A wird bei cd (Fig. 26) eben angeschliffen und gegen die gleichfalls ebene Hypotenusenfläche des Prismas B gepresst. Der in diesem Falle auftretende, elliptisch erscheinende Fleck hat durchaus scharfe Ränder und verschwindet bei Gleichheit der Felder vollständig. Diese Combination genügt allen Anforderungen.

Um das Photometer, ebenso wie das Bunsen'sche, auf einer geraden Photometerbank verschiebbar herzustellen, wurde die in Fig. 27 skizzirte Anordnung gemacht. Lothrecht zur Axe der Photometerbank steht der Schirm ik, welcher gar kein Licht hindurch lässt und dessen beide Seiten von den Lichtquellen m bezw. n erleuchtet werden. Das diffuse, von den Schirmseiten λ und l ausgehende Licht

---

[1]) Journ. f. Gasbel. Bd. 32 S. 384 (1889).

fällt auf die Spiegel e bezw. f, welche es senkrecht auf die Kathetenflächen cb und dp der Prismen B und A werfen. Der Beobachter bei o blickt durch die Lupe w senkrecht zu ac und stellt scharf auf die Fläche $arsb$ ein.

Fig. 28 gibt eine perspectivische Ansicht des nach dieser Anordnung in der Werkstatt der Reichsanstalt für die Versuche ausgeführten Photometers. Die vertikale messingene Säule s trägt die Metallschiene b, auf welcher die Säulchen s_1 und s_2 aufgeschraubt sind. In den oberen Theilen der letzteren sitzen die Schrauben m_1 und m_2, in deren Enden konische Pfannen eingedreht sind. Diese Pfannen bilden das Lager für die horizontale Axe a des Photometergehäuses h. Am Gehäuse ist bei w das Rohr r mit der verschiebbaren Lupe angebracht. Im

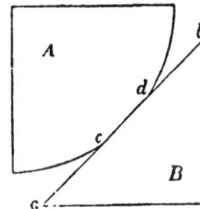

Fig. 26.

Innern des Gehäuses liegen die Prismencombination AB, die beiden Spiegel, von welchen nur der eine f zu sehen ist, und der Photometerschirm P. Letzterer sitzt im Rahmen n_1, dessen Fussplatte auf dem Boden des Gehäuses h verschiebbar und feststellbar ist; der Schirm kann behufs Erneuerung oder Drehung um 180 Grad aus dem Rahmen n_1 entfernt werden. Jeder der Spiegel e und f ist mit Hilfe je zweier durch den Boden von h hindurchreichender Schrauben von aussen her um eine horizontale sowie um eine vertikale Axe drehbar. Die Fassung q presst die Prismen A und B innig aneinander und ruht auf einer Platte, welche in gleicher Weise beweglich ist wie der Rahmen n_1. Das Gehäuse h wird durch einen in der Figur abgenommenen Deckel mit Schlitz für den Griff des Schirmes P geschlossen. Durch die seitlichen Oeffnungen kann Licht zum Papier von P gelangen. Bei der dargestellten Lage des Photometergehäuses wird ein als Anschlag dienender, in Fig. 28 nicht sichtbarer Schraubenkopf k_2 durch eine an der Säule s_1 verschiebbare Hülse fest an die Säule angedrückt. Nach Drehung der Axe des Gehäuses um

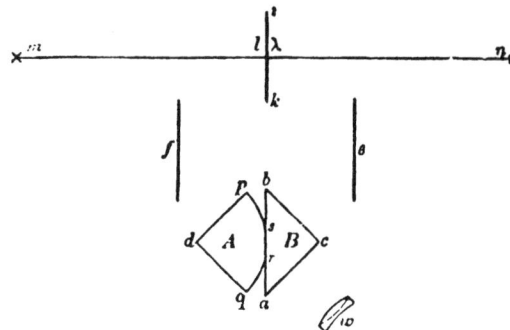

Fig. 27.

180 Grad dient ein zweiter Schraubenkopf k_1 als Anschlag. Die auf einem Schlitten der Photometerbank angebrachte Säule s kann auf und ab bewegt und um eine vertikale Axe gedreht werden.

Der zu den Versuchen benutzte Schirm besteht aus doppelten Lagen Papier, welche durch ein Stanniolblatt getrennt sind. Man taucht das Papier in Wasser, trocknet es mit Fliesspapier und klemmt es noch feucht zwischen die beiden Metallplatten des Schirms P. Auf diese Weise erhält man einen vollkommen undurchsichtigen Schirm mit gut ebenen und diffus reflectirenden Flächen. Dasselbe erreicht man durch eine Gypsplatte oder eine beiderseitig matt weiss angestrichene Metallplatte. e und f sind ausgesuchte, ebene, mit Quecksilberamalgam belegte Spiegel, welche von demselben Stück geschnitten sind. Statt derselben können natürlich auch total reflectirende Prismen benutzt werden. Vor der Lupe ist in gewisser Entfernung ein Diaphragma angebracht, welches grösser als die Pupille sein muss. Dem Gesichtsfelde kann man dadurch eine scharfe Umgrenzung von gewünschter

Form geben, dass man die äusseren Theile der Hypotenusenfläche von *B* mit Asphaltlack bestreicht.

Um die Verbindungslinie der Flammencentren durch die Mitte des Schirms und zu diesem senkrecht zu legen, müssen die durch die Flammen entworfenen Schatten zweier vor den Oeffnungen des Gehäuses *h* in geeigneter Weise angebrachten Blenden auf die Mitten der Schirmseiten fallen. Die Blenden können in ähnlicher

Fig. 28.

Weise, wie es Krüss bei seinen Photometern thut, beweglich an dem Gehäuse angebracht sein. Die richtige Lage der Blenden lässt sich mittels des vorerwähnten parallelen Strahlenbündels leicht prüfen.

In der Praxis wird für die Orientirung des Photometers folgendes vereinfachte Verfahren ausreichen. Man centrirt die Lichtquellen auf ihren Tellern und macht ihren Abstand von der Bank gleich dem des Schirmes; hierauf beobachtet man bei Verschiebung des Photometers (nach Herausnahme der Lupe) die beiden von den Blenden entworfenen Schatten. Es müssen nunmehr bei richtiger Aufstellung des Photometers die beiden sichtbaren Schattentheile sich stets zu einem vollständigen Schattenbilde vereinigen.

Der beschriebene Apparat erfüllt, wenn er richtig justirt ist, vollkommen die an ein gutes Photometer zu stellende Anforderung; er liefert mit einer einzigen Einstellung durch blosse Anwendung des Entfernungsgesetzes ein von constanten Fehlern freies Resultat.

Das Princip lässt sich auch für die Einstellung auf gleiche Helligkeitsunterschiede verwerthen. Das Bunsensche Photometer wird nämlich bei gleichzeitiger Beobachtung beider Schirmseiten häufig so gebraucht, dass man nicht auf Verschwinden des Fettflecks, sondern auf gleiche Contraste einstellt. Diese Beobachtungsmethode lässt sich durch eine in passender Weise hergestellte Prismencombination mit geätzter Fläche auf rein optischem Wege nachahmen.

In Bezug auf die Empfindlichkeit ihres Photometers im Vergleich zu derjenigen des Bunsen'schen Photometers führten die Herren Dr. Lummer und Brodhun Folgendes an:

Das Bunsen'sche Fettfleckphotometer kann die Bedingung, dass vom Papier nur Licht der einen Lichtquelle und vom Fettfleck nur Licht der andern ausgeht, seiner Natur nach nicht erfüllen. Die hierdurch verursachte Verringerung der Empfindlichkeit wird je nach der Beschaffenheit des Fettflecks eine verschiedene sein. Man kann aus den Constanten eines Fettflecks die Grösse der Strecke ableiten, auf welcher beide Felder dem Auge gleich hell erscheinen. Dazu können die Intensitäten der beleuchteten Felder berechnet und ermittelt werden, bei welcher Verschiebung das Verhältniss dieser Intensitäten um den gleichen Procentsatz sich ändert. Es sei angenommen, dass man bei genügender Beleuchtung zweier geeigneter Felder dieselben erst dann ungleich hell empfindet, wenn ihre Intensitäten sich um ungefähr 0,01 von einander unterscheiden[1]).

Es sei J_1 die Intensität der linken Lichtquelle, J_2 diejenige der rechten, d der Abstand beider und x die Entfernung des Schirmes von der linken Lichtquelle. Ferner seien r und m die Coeffizienten der Reflexion bezw. der Durchdringung des nicht gefetteten Theiles des Papieres; dann erhält man von der linken Seite desselben die beiden Lichtantheile:

$$\text{I.} \ldots\ldots\ldots\ldots \quad \frac{J_1}{x^2}\, r + \frac{J_2}{(d-x)^2}\, m.$$

Haben ϱ und μ die gleiche Bedeutung für den Fettfleck wie r und m für das nicht gefettete Papier, so sind die von der linken Seite des Fettflecks kommenden Lichtantheile:

$$\text{II.} \ldots\ldots\ldots\ldots \quad \frac{J_1}{x^2}\, \varrho + \frac{J_2}{(d-x)^2}\, \mu.$$

Bildet man das Verhältniss:

$$\text{III.} \ldots\ldots\ldots \quad Q = \frac{\dfrac{J_1}{x^2}\, r + \dfrac{J_2}{(d-x)^2}\, m}{\dfrac{J_1}{x_2}\, \varrho + \dfrac{J_2}{(d-x)^2}\, \mu},$$

so ist Q das Maass für den vom Auge empfundenen Helligkeitsunterschied der beiden zu vergleichenden Felder. Letztere erscheinen dem Auge nach obiger Annahme nicht mehr gleich hell, wenn $Q = 1{,}01$ ist.

Die Rechnung wird wesentlich durch die Annahme vereinfacht, dass die Lichtquellen gleiche Intensität besitzen. Es wird dann $J_1 = J_2$ und:

$$\text{IV.} \ldots\ldots\ldots \quad Q = \frac{r\,(x-d)^2 + m x^2}{\varrho\,(x-d)^2 + \mu x^2}.$$

Sind die vom Papier und vom Fettfleck ausgehenden Lichtantheile einander gleich, so ist $Q = 1$, also:

$$r\,(x-d)^2 + m x^2 = \varrho\,(x-d)^2 + \mu x^2,$$

$$\text{V.} \ldots\ldots\ldots \quad \frac{(x-d)^2}{x^2} = \frac{\mu - m}{r - \varrho}.$$

---

[1]) Der Werth für die Unterschiedsempfindlichkeit schwankt bei verschiedenen Beobachtern (Bouguer, Fechner, Arago, Masson, Helmholtz) von $1/64$ bis $1/167$.

Wird $\frac{(\mu - m)}{(r - \varrho)} = 1$, so folgt $x = \frac{d}{2}$, d. h. der Fettfleck verschwindet in der Mitte der Bank.[1] Dieser leicht herzustellende Fall wurde den folgenden Betrachtungen zu Grunde gelegt.

Ist δ die Verschiebung des Schirmes von der Stelle, wo $Q = 1$ ist, nach links, so wird, da jetzt $x = \frac{d}{2}$ ist:

$$Q_\delta = \frac{r \left(\frac{d}{2} + \delta\right)^2 + m \left(\frac{d}{2} - \delta\right)^2}{\varrho \left(\frac{d}{2} + \delta\right)^2 + \mu \left(\frac{d}{2} - \delta\right)^2},$$

oder wenn man nach Potenzen von $\frac{\delta}{d}$ entwickelt und $\frac{\delta^2}{d^2}$ gegen $\frac{\delta}{d}$ vernachlässigt:

$$Q_\delta = 1 + 8 \frac{\delta}{d} \frac{r - \varrho}{r + \mu}.$$

Nimmt man die Länge der Bank zu 800 mm an, so wird $Q_\delta = 1{,}01$, wenn

$$\text{VI.} \ \ldots \ldots \ \delta = \frac{r + m}{r - \varrho} \ \text{ist.}$$

Für die rein optische Vorrichtung des neuen Photometers ist $\varrho = 0$, $m = 0$, $\mu = r$, also die Bedingung $\frac{(\mu - m)}{(r - \varrho)} = 1$ erfüllt. Setzt man in die Formel für δ die obigen Werthe ein, so wird hier $\delta = 1$ mm. Messungen an einem Bunsen'schen Fettfleck, welcher der Bedingung $\frac{(\mu - m)}{(r - \varrho)} = 1$ genügte, haben ergeben: $m = 3{,}5$, $\mu = 11{,}5$, $r = 14{,}0$, $\varrho = 5{,}9$. Hieraus berechnet sich $\delta = 2{,}2$. Macht man demnach im ersten Falle bei einer Einstellung einen Fehler von 1 mm, so beträgt im zweiten Falle der Fehler 2,2 mm.

Um aus dem Fehler δ der Einstellung den Fehler der Intensitätsbestimmung zu berechnen, dient die Formel:

$$J_1 = J_2 \frac{\left(\frac{d}{2} - \delta\right)^2}{\left(\frac{d}{2} + \delta\right)^2} = J_2 \left(1 - \frac{4\,\delta}{d}\right)^2, \ \text{also:}$$

$$J_1 = J_2 \left(1 - 8 \frac{\delta}{d}\right).$$

Für $\delta = 1$ mm wird $J_1 = 0{,}990\, J_2$, für $\delta = 2{,}2$ mm wird $J_1 = 0{,}978\, J_2$. Somit kann man mit dem Lummer-Brodhun'schen Photometer die Intensität einer Lichtquelle 2,2mal so genau messen als mit obigem Fettfleck.

Mit dieser Photometer-Construction sind seitens der Lichtmess-Commission viele Reihen von Versuchen angestellt worden. Es zeigte sich dabei, dass zunächst der äusseren Ausführung nach es wünschenswerth sei, wenn das Instrument etwas kleiner und dadurch auch auf kleineren Photometerbänken besser anwendbar gemacht würde. Solche kleinere Formen würden von der Physikalisch-Technischen Reichsanstalt der Lichtmess-Commission übergeben und auf Veranlassung der letzteren auch von Krüss ausgeführt[2] und zwar unter vollster Aufrechterhaltung des Constructionsprincipes der Erfinder in Anpassung an die Erfordernisse des praktischen Gebrauches.

Eine Form von mittlerer Grösse hat sich inzwischen sehr gut eingeführt und bewährt. Bei derselben ist eine wesentliche Einrichtung die, dass das Ocularrohr nicht einseitig angebracht ist, wie in der ursprünglichen Form dieses Instrumentes, sondern central derart, dass das Ocularrohr selbst die eine, vordere, Achse bildet, durch welche hindurch man die Felder des Lummer-Brodhun'schen Würfels R betrachtet. Dadurch bleibt bei Drehung des Photometerkopfes um 180° das Auge mit

---

[1] Vgl. A. König, Verhandl. d. phys. Ges. 1886, Nr. 2, S. 8.

[2] Journ. f. Gasbel. Bd. 37 S. 61 (1894) u. Bd. 39 S. 265 (1896).

dem Photometerschirm in einer senkrechten Ebene, in welcher sich auch der, die Einstellung des Photometers bezeichnende Index befindet und der Beobachter braucht nicht mehr seinen Kopf in einer der Stellungen des Photometers in eine unbequeme und ermüdende Lage zu bringen.

Fig. 29 zeigt schematisch die Construction und Fig. 30 die äussere Form dieses Photometerkopfes. Die Ablenkung der aus dem Prismenpaare R austretenden Strahlen in die Achse des Instrumentes erfolgt in einfachster Weise durch Einschaltung eines Reflexionsprismas r von geeigneter Beschaffenheit.

An diesem Instrument ist dann ferner, um ein Eintreten des Staubes in das Innere zu verhindern, und namentlich die Prismenflächen davor zu schützen, die Einrichtung getroffen, dass an jeder Innenseite des Gehäuses, und zwar in der ganzen Länge derselben, ein Glasspiegel s eingeschoben ist, dessen Belegung an den den Oeffnungen a des Gehäuses entsprechenden Stellen entfernt worden ist. Sind die beiden Innenflächen parallel der Mittelebene des Photometerkopfes hergestellt und von derselben in gleicher Entfernung, so haben die Spiegel die richtige Stellung von selbst.

Es befindet sich dann noch an den Seitenwänden je ein kleiner Knopf k. Durch Drehung desselben kann eine kleine

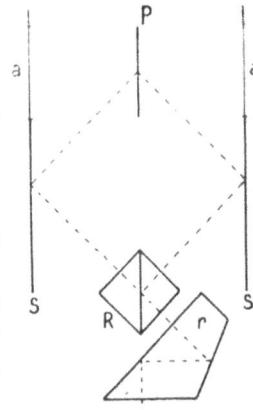

Fig. 29.

Centrirungscheibe c (Fig. 31) bis in die Mitte der Oeffnung a eingeklappt werden. Dieselbe dient zur richtigen Aufstellung der Lichtquellen in der optischen Achse des Photometers. Es muss der Schatten dieses Scheibchens genau auf die Mitte

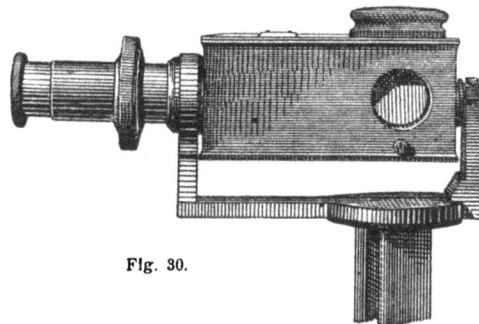

Fig. 30.

Fig. 31.

des Photometerschirmes fallen, und die zu photometrirenden Lichtquellen müssen so lange gehoben oder gesenkt oder seitlich verschoben werden, bis dieses der Fall ist. Beim Photometriren selbst werden die Scheibchen natürlich wieder zurückgeklappt.

Eine etwas davon abweichende Form dieses Photometerkopfes dient zur Messung von Lichtquellen unter verschiedenen Winkeln. Ihre Anordnung ergibt sich zwangslos aus der vorherigen, von welcher alle wesentlichen Theile beibehalten sind. Wie aus Fig. 32 und 33 hervorgeht, ist zunächst ein Gradbogen hinzugefügt worden, welcher mit dem hinteren Achsenlager fest verbunden ist, während der Index und die denselben am Theilkreise festklemmende Schraube mit dem drehbaren Photometergehäuse verbunden sind. Damit aber die geneigt auffallenden Strahlen keinen Schatten von dem Gehäuse auf den Photometerschirm werfen, musste an den Seitenöffnungen *a* des Gehäuses die obere und die untere Deckplatte des Gehäuses halbkreisförmig ausgeschnitten werden, wie aus der Ansicht in Fig. 33 ersichtlich und in Fig. 32 durch die Kreisbögen angedeutet ist.

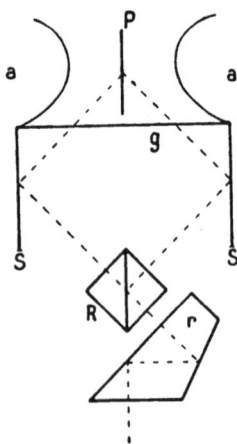

Fig. 32.

Damit ging nun aber zunächst der Vortheil des Abschlusses des Photometergehäuses gegen Staub verloren, welcher in der bisherigen Form durch die Seitenöffnungen *a* schliessenden Glasplatten *s* erreicht worden war. Es mussten die Glasplatten *s* kürzer werden, damit sie nicht über die Oeffnung *a* hinüberragten, wo ihre obere oder untere Kante bei schrägem Lichtauffall Schatten geworfen haben würde. Der Abschluss des inneren Gehäuses und somit ein Schutz wenigstens der Prismen wurde bei dieser Form erreicht durch eine senkrecht zu den Spiegeln gestellte planparallele Glasplatte *g*. Allerdings bleibt hier der Photometerschirm *P* äusseren Einflüssen ausgesetzt, derselbe lässt sich aber leicht herausziehen und reinigen.

Der Knopf *k* für die vorklappbaren Centrirungsscheibchen *c* (Fig. 33) musste hier seitwärts gesetzt werden, jedoch ist ihre Functionirung dieselbe wie bei der erstbeschriebenen Form (Fig. 30).

Um mit diesem Photometerkopf Lichtquellen unter verschiedenen Ausstrahlungswinkeln zu messen, wird bei Stellung des Photometerkopfes auf 0°, also bei horizontaler Stellung desselben, die Vergleichsflamme (Hefnerlampe, Kerze, Gasbrenner, elektrische Glühlampe) zuerst so aufgestellt, dass der Schatten des Centrirscheibchens *c* auf der Mitte der einen Seite des Photometerschirmes *P* fällt.

Sodann wird der Photometerkopf so weit gedreht, dass der durch die zu messende Lichtquelle geworfene Schatten des Centrirscheibchens an der anderen Seite des Photometerkopfes auf die Mitte der anderen Seite des Photometerschirmes fällt. Der Winkel *a*, auf welchen der Index in dieser Stellung an dem Gradbogen zeigt, wird abgelesen und aufgeschrieben. Es ist der Winkel, unter welchem diejenigen Strahlen der Lichtquelle gegen die Horizontale geneigt sind, welche bei der Messung in Betracht kommen.

Nun wird der Index auf die Hälfte dieses Winkels, also auf $\frac{a}{2}$, eingestellt. Dadurch ist der Photometerschirm in solche Lage gebracht, dass nunmehr die Strahlen der Vergleichsflamme und der zu messenden Flamme unter dem gleichen Winkel, nämlich $\frac{a}{2}$, auf ihn fallen, so dass ihre Schwächung durch schiefen Auffall beiderseits die gleiche ist.

Zur Herstellung von Helligkeitsgleichheit auf beiden Seiten des Photometerschirmes muss nun, da die Entfernung der zu messenden Lichtquelle nicht verändert werden kann, die Vergleichslichtquelle horizontal verschoben werden. Das Verhältniss der Quadrate der Entfernungen der beiden Lichtquellen vom Photometerschirm stellt, wie immer, so auch hier, das Verhältniss der zwischen der Helligkeit der Einheitslichtquelle in horizontaler Richtung und der Helligkeit der zu messenden Lichtquelle unter dem Winkel *a*.

Da der ganze Photometerkopf nur von 0 bis 180⁰ gedreht werden kann, so ist bei diesem Verfahren, bei welchem der Kopf bereits auf einen Winkel $\frac{\alpha}{2}$ eingestellt ist, eine Drehung um weitere 180⁰ nicht möglich. Es ist also bei etwa vorhandener Ungleichseitigkeit des Kopfes nicht wie bei Messung in horizontaler Richtung mög-

Fig. 33.

lich, durch Einstellung bei zwei um 180⁰ von einander verschiedenen Lagen des Photometerkopfes die Einseitigkeit hinauszubringen; das ist aber auch nicht unbedingt erforderlich, da die Photometerköpfe fast vollkommen gleichseitig sind, ausserdem aber eine etwaige Ungleichseitigkeit bei einer Messung in horizontaler Richtung bestimmt und dann in Rechnung gebracht werden kann.

––––––––––

Bei den Versuchen der Lichtmess-Commission über die Lummer-Brodhun'schen Photometerköpfe[1]) handelte es sich wesentlich darum, zu ermitteln, ob bei den neuesten derartigen Köpfen beide Seiten gleiche Ablesungen ergaben oder von einander abweichende und um die Grösse dieser Abweichungen.

Die erste Reihe dieser Versuche wurde in Leipzig auf der Gasanstalt 1 angestellt und es kamen dabei zur Verwendung:

1. kleinst herstellbarer Kopf der Firma A. Krüss in Hamburg,
2. ein grosser Kopf von gleicher Firma und
3. ein ebensolcher von Schmidt und Haensch in Berlin.

Die Beobachtungen wurden von sechs Herren gemacht und ergaben
bei Kopf 1. und einer Lichtstärke von 16,5 Hfl im Mittel eine Abweichung von —1,3 mm; bei einer Lichtstärke von 12,6 Hfl eine solche von + 0,3 mm;

––––––––––

[1]) Journ. f. Gasbel. Bd. 33 S. 591 (1890) u. Bd. 38 S. 690 (1895).

bei Kopf 2 und 16,5 Hfl eine Abweichung von — 1,6 mm,
       bei 12,6 »   »   »   » — 0,1   »
bei Kopf 3 und 16,5 »   »   »   » + 52,7 »
       bei 12,6 »   »   »   » + 57,4 »

Alle Ablesungen geschahen auf einer Skala von 720 mm Länge, deren Hälfte = ± 360 betrug.

Die zweite Versuchsreihe in Frankfurt a. M. galt der Prüfung von zwei Photometerköpfen neuester Construction der Phys. Techn. Reichsanstalt Abtheilung II, davon der eine, ein viereckiger kleiner mit horizontalen Strichen auf der Photometerplatte (4.), der andere ein runder, kleiner mit Milchglasscheiben an den Lichteinfallöffnungen (5.) war, und von einem mittelgrossen Photometerkopf von A. Krüss in Hamburg, mit dem Fernrohre in der Achse (6.), während alle fünf übrigen die Fernröhren einseitig sitzen hatten, was beim Umklappen um 180⁰ für den Beobachtenden unbequem und störend war.

Diese zweite Versuchsreihe wurde nur von drei Herren gemacht und ergab
     für Kopf 4. bei 19,5 Hfl = + 3,0 mm und
          »   18,6   » = + 8,0   »
     für Kopf 5. bei 19,5   » = — 2,2   » und
          »   18,6   » = + 5,3   »
     für Kopf 6. bei 19,5   » = + 1,4   » und
          »   18,6   » = + 3,0   »

mittlere Abweichungen in den Ablesungen beider Seiten. Die neue Einrichtung des Fernrohres in der Achse des Photometers, wie dies bei 6. von A. Krüss in Hamburg ist hergestellt worden, hat sich als sehr bequem im Gebrauche erwiesen.

Bei allen Versuchen wurden die gleichen Photometerbänke benutzt.

Die Ergebnisse aller Versuche fasst die Commission dahin zusammen:

»Die nach dem Systeme der Lummer-Brodhun'schen angefertigten Photo-
»meterköpfe können für die Praxis, insbesondere aber die in Frankfurt a. M.
»geprüften verbesserten Köpfe der Physikalisch-Technischen Reichsanstalt
»(4,5) und der mittlere Kopf mit dem Fernrohr in der Achse (6) als den zu
»stellenden Anforderungen der Praxis entsprechend zu allgemeinem Gebrauch
»empfohlen werden.«

Nach Lösung dieser Aufgabe 'galt es noch eine handliche Photometerbank herzustellen, welche zu allgemeiner Anwendung sich empfiehlt.[1]) Zu einer solchen hatten die Herren Dr. Krüss und der verstorbene Director Kümmel einen Entwurf gemacht, welcher bei den Kommissionsmitgliedern in Umlauf gesetzt worden war und zu dem ein Jeder seine verbessernden Vorschläge eingesandt hatte. Ausserdem wurde er in einer Sitzung noch einer mündlichen Beurtheilung unterzogen und in seinen Dimensionen festgesetzt. Mit der Ausführung nach den darüber gefassten Beschlüssen wurde die Firma A. Krüss, Hamburg, betraut und ferner festgesetzt, dass das Okular des Photometerkopfes bei einer Tischhöhe von 80 cm ebenfalls 80 cm über dieser stehen solle. Nach der Prüfung erwies sich dies als zu hoch und es wurde die Höhe der Bank um 5 cm niedriger gemacht. —

Das Photometer sollte sich möglichst an die zur Zeit in Gasanstalten in Gebrauch befindlichen Photometer anschliessen, um die Einführung desselben zu erleichtern.

---

[1]) Journ. f. Gasbel. Bd. 38 S. 691 (1895).

Desshalb wurde die Anordnung derart getroffen, dass die Einheitlichtquelle sowohl an einem Ende der Bank fest aufgestellt, als in festem Abstande von dem Photometerschirm mit diesem gemeinschaftlich bewegt werden kann.

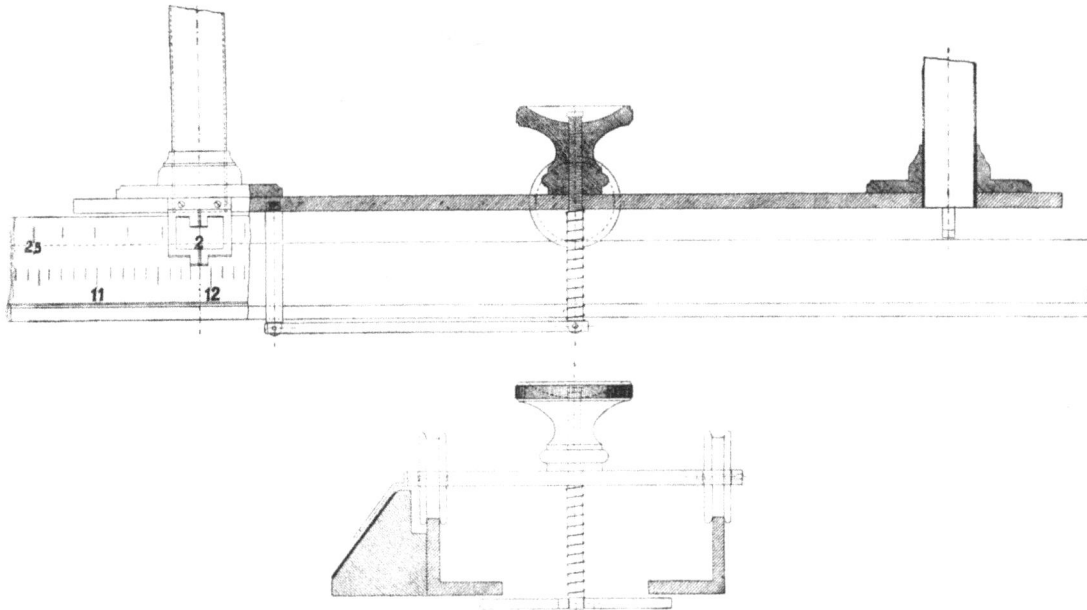

Fig. 34.

Dieser feste Abstand ist mit Rücksicht auf die geringere Helligkeit des Hefner-Lichtes gegenüber der seither gebräuchlichen Kerze und zur Abrundung in Metermaass zu 30 cm (gegenüber 35,565 cm = 14 Zoll engl. seither) bestimmt worden.

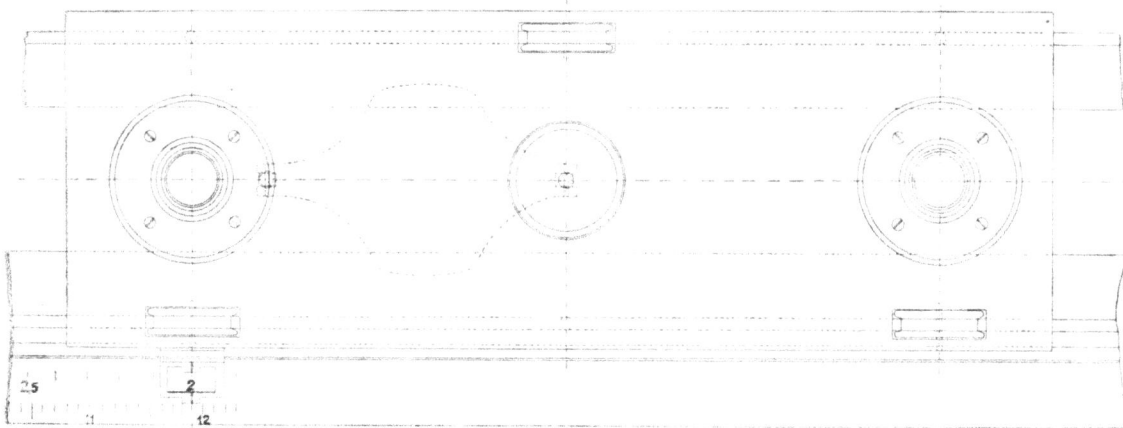

Fig. 35.

Die bis jetzt üblichen Photometer haben eine ganze Länge von 100 Zoll engl. = 254 cm. Sie zu verlängern dürfte manchmal erwünscht sein: allein die Photometerräume würden nicht überall für grössere Längen ausreichen. Es wurde deshalb

für den Abstand der beiden an den Enden der Photometerbank aufgestellten Lichtquellen 250 cm bestimmt.

An jedem Ende des Photometers ist ein Träger für Gasbrenner, Hefner-Lampe,
auch Kerze festgeschraubt, welcher mittels Zahngetriebe in der Höhe zu verstellen
ist, um die Lichtquellen in die richtige Höhe zum Photometerschirm bringen zu
können.

An der vorderen (dem Prüfenden zugekehrten) Seite der Photometerbank ist ein
schräg liegender Maassstab angebracht, welcher mit weissen Strichen auf schwarzem
Grunde zwei Theilungen in Lichteinheiten (die eine unter der anderen) enthält,
welche den beiden Stellungen der Lichteinheit (am Ende der Bank oder in fester
Verbindung mit dem Photometerschirm) entsprechen. Von einer dritten Theilung
in metrisches Maass ist abgesehen, weil eine solche bei diesen, für den alltäglich
praktischen Gebrauch bestimmten Instrumente ohne Nutzen erscheint, dagegen bei
Ungeübten leicht verwirren kann.

Für die Verwendung der Hefnerlampe in festem Abstand vom Photometerschirm
sind letzterer und der Träger für die Hefnerlampe in 30 cm Entfernung von einander
auf ein und derselben Platte angebracht. Diese verschiebt sich leicht durch an ihr
angebrachte Räder auf der Photometerbank, kann aber auch durch eine Schraube an
jeder Stelle der Bank festgeklemmt werden.

Der Photometerschirm und der Träger für die Hefnerlampe sind nicht in verti-
kaler Richtung verstellbar, weil die Flamme der Hefnerlampe stets an einer Stelle
verbleibt, nicht, wie die Kerze herunterbrennt. Die Mitte der Flammenhöhe der
Hefnerlampe liegt in gleicher Höhe mit der Mitte des Photometerschirmes.

Als Photometerschirm kann sowohl der Bunsenkopf, als der Lummer-Brodhun-
sche benutzt werden. Empfohlen wurde der mittlere optische Kopf mit dem Fernrohr
in der Mitte, wie ihn die Kommission praktisch befunden hat. Er ist an den beiden
Lichteinfallöffnungen durch Glasplättchen geschlossen, um den Staub von den Prismen
und Spiegeln vom Innern des Kopfes abzuhalten.

Auf Festigkeit und Sorgfalt in der Ausführung ist bei dem Photometer besonders
Bedacht genommen. —

Anhang.

Bei dem Entwurf des Planes zu diesem Bericht waren noch zwei weitere Abschnitte in Aussicht genommen, die sich mit der für die Gasphotometrie günstigsten Beschaffenheit des Beobachtungsraumes und mit den Normalgasbrennern sowie etwaigen Versuchen über andere Brenner beschäftigen sollten.

Von der Ausarbeitung dieser Abschnitte musste schliesslich Abstand genommen werden, wesentlich weil es an umfassendem Material für dieselben mangelt.

In Bezug auf den Beobachtungsraum war bereits unter den Aufgaben, welche von der am 16. October 1865 stattgefundenen freiwilligen Zusammenkunft von Gasinteressenten der dort gewählten Commission gestellt wurden, mit genannt der beste Anstrich des Versuchszimmers[1]) und ebenso wurde in der zweiten Versammlung 1867 zu Dortmund beschlossen, Versuche in Photometerzimmern mit verschiedenem Anstrich der Wände anzustellen.[2]) Doch ist über solche Versuche selbst nie etwas verlautet. Desgleichen lag es wohl im Bereiche der Aufgaben dieser Commission wie der späteren Lichtmesscommission, Versuche über den Einfluss der Temperatur, des Luftdrucks und der übrigen Beschaffenheit der Luft auf die Leuchtkraft sowohl der Einheitslichtquellen als der zu messenden Brenner anzustellen.

Wenn auch von eigentlichen Versuchen in diesen Beziehungen nirgends die Rede ist, so hat die Lichtmesscommission doch zu den meisten der angeführten Punkte Stellung genommen, indem sie in den 1872 von ihr vorgeschlagenen Normen in Bezug auf das Photometriren[3]) als geeignetste Temperatur des Versuchszimmers 14⁰ festsetzte und bestimmte, dass die Farbe des Photometerzimmers matt sein müsse, weder reflectirend noch hell, sowie dass es bei helleren Farbentönen nothwendig sei, dass die zu vergleichenden Flammen etwa 1 m von den Wänden abstehen.

Dementsprechend wurden auch in den Arbeitsplan für die Versuche der Lichtmesscommission über das Verhältniss der Helligkeit der Hefnerlampe zu derjenigen der Kerzen[4]) die Bestimmung über die Temperatur zu 17—18⁰ C aufgenommen und die Beobachtung des Barometerstandes vorgeschrieben, desgleichen bestimmt, dass die Farbe des Photometerraumes von so matter und dunkler Beschaffenheit sein müsse, dass die Wände kein reflectirtes Licht auf den Photometerschirm werfen,

---

[1]) Journal für Gasbeleuchtung Bd. 8 S. 362 (1865).
[2]) Journ. f. Gasbel. Bd. 10 S. 237 (1867).
[3]) Journ. f. Gasbel. Bd. 15 S. 377 (1872).
[4]) Journ. f. Gasbel. Bd. 32 S. 759 (1889).

sowie dass die zu vergleichenden Flammen möglichst gleich weit und nicht unter
einem Meter von den Wänden abstehen.

Die Untersuchung der Hefnerlampe und die Schaffung einer beglaubigten Lichteinheit aus derselben führten naturgemäss auch zu einer Berücksichtigung des Ein-
flusses der Luftbeschaffenheit auf die Helligkeit dieser Lichtquelle.

In einer Sitzung der Lichtmesscommission im Frühling 1890 machte Herr
Professor Dr. Bunte darauf aufmerksam, dass von ihm angestellte Versuche über
den Einfluss der Luftveränderung auf die Leuchtkraft der Flamme[1]), welche sich
vorzüglich auf den Kohlensäuregehalt und die Verminderung an Sauerstoffgehalt
bezogen, ihn zu der Wahrnehmung geführt hätten, dass die Hefnerlampe mehr als
Gas-Schnitt- und Argandbrenner durch die Veränderung der Verbrennungsluft beeinflusst werde.

Auch die Physikalisch-Technische Reichsanstalt hatte dahin gehende Versuche
angestellt und nahm deshalb in die den Beglaubigungsvorschriften der Hefnerlampe
beigegebene Gebrauchsanweisung den Hinweis auf, dass Verunreinigung der Luft,
namentlich durch Kohlensäure (durch Brennen von offenen Flammen, Athmen
mehrerer Personen) die Leuchtkraft der Hefnerlampe erheblich verringern. Der
Photometerraum müsse daher vor jeder Messung sorgfältig gelüftet werden und die
Hefnerlampe dürfe in sehr kleinen Räumen z. B. ringsum geschlossenen photometrischen Apparaten nicht benutzt werden.

Eine erschöpfende Berücksichtigung der hiebei in Betracht kommenden Factoren
fand erst durch eine Veröffentlichung E. Liebenthal's in Bezug auf Untersuchungen
der Physikalisch-Technischen Reichsanstalt über die Abhängigkeit der Hefnerlampe
und der Pentanlampe von der Beschaffenheit der umgebenden Luft statt.[2])

Die dieser Arbeit zu Grunde liegenden Beobachtungen erstrecken sich über
mehrere Jahre um den Einfluss, welchen die wechselnde Luftbeschaffenheit verursachte, sicher festzustellen. Als Vergleichslichtquelle diente eine elektrische Glühlampe, welche durch die Veränderung der Luftbeschaffenheit in ihrer Helligkeit
unverändert bleibt.

Aus dem reichen Beobachtungsmaterial zog Liebenthal folgende Schlüsse:

Zwischen der Lichtstärke y der Hefnerlampe und der Feuchtigkeit x der
Luft, ausgedrückt in Litern Wasserdampf in 1 cbm Luft, besteht die Beziehung

$$y = 1{,}049 - 0{,}0055\, x.$$

Dieselbe gilt in dem untersuchten Feuchtigkeitsgebiete von 3—18 Liter und
besagt, dass die Lichtstärke mit wachsendem Wasserdampfgehalt stetig abnimmt
und zwar für jedes Liter um 0,0055 der zu Grunde gelegten Einheit, d. h. durchschnittlich um etwa 0,55 %.

Bei der ursprünglichen Definition der Lichteinheit war die Feuchtigkeit der Luft
nicht mit in Rücksicht gezogen. Da die hieraus folgenden Schwankungen in der
Helligkeit der Hefnerlampe nach Liebenthal's Versuchen im Mittel ± 1,78 % betragen, während eine Abweichung bis zu ± 2,0 % in den Beglaubigungsvorschriften
für zulässig erklärt wird, so genügt die ursprüngliche Definition des Hefnerlichtes
für nahezu alle technischen Zwecke. Verlangt man grössere Genauigkeit, so wäre
der Feuchtigkeitsgehalt nach obiger Formel zu berücksichtigen. Es fragt sich dann
aber, für welchen Feuchtigkeitsgehalt der Luft die Helligkeit der Hefnerlampe

[1]) Journ. f. Gasbel. Bd. 34 S. 310 (1891).
[2]) Journ. f. Gasbel. Bd. 38 S. 505 (1895).

gleich der Einheit ist. Es ergibt sich aus obiger Formel, wenn man $y = 1$ setzt, $x = 8,9$ l.

Die von der Reichsanstalt bei ihren amtlichen Prüfungen als »Hefnerlicht« bezeichnete Lichteinheit ist sonach die Lichtstärke der Hefnerlampe bei einem Feuchtigkeitsgehalt der Luft von 8,9 l auf 1 cbm trockene Luft.

Die Abhängigkeit vom Luftdruck wird nach Liebenthal's Versuchen durch die Formel

$$\varDelta y = 0,00011 \, (b - 760)$$

dargestellt, worin $\varDelta y$ die dem in Millimetern ausgedrückten Barometerstande b entsprechende Aenderung der Lichtstärke bedeutet, so dass eine Barometerschwankung von 40 mm einer Aenderung der Lichtstärke um nur 0,4 % entspricht. Dabei ist für die Lichteinheit ein Barometerstand von 760 mm vorausgesetzt.

Der Einfluss der Kohlensäure wurde von Liebenthal in dem Bereiche von $x' = 0,6$ l bis 13,7 l Kohlensäure auf 1 cbm trockene, kohlensäurefreie Luft untersucht und hier für die Lichtstärke y der Hefnerlampe ermittelt

$$y = 1,012 - 0,0072 \, x',$$

so dass einer Aenderung des Kohlensäuregehaltes um 1 l eine Aenderung der Lichtstärke um 0,0072 Hefnerlicht $= 0,7$ % entspricht.

Da nun der Gehalt der frischen Luft an Kohlensäure in einem gut ventilirten grösseren Raume um etwa 0,3 l schwankt, so wird dadurch die Lichtstärke nur um 0,2 %, also eine Grösse geändert, die vollständig innerhalb der Grenzen der Beobachtungsfehler liegt. Es reicht also die Forderung einer frischen Luft für die Messung mit der Hefnerlampe vollkommen aus.

Der Mindergehalt an Sauerstoff der Verbrennungsluft muss die Lichtstärke der Hefnerlampe stark vermindern, da eine solche Entziehung einer Vermehrung der sämmtlichen übrigen Luftbestandtheile, insbesondere des Stickstoffes gleichkommt. Liebenthal schliesst aus seinen Untersuchungen, dass ein Mindergehalt an Sauerstoff von 1 l in 1 cbm Luft die Lichtstärke der Hefnerlampe schon um 2 % verringern würde.

Als erste Grundbedingung für das Photometriren mit der Hefnerlampe ist desshalb die Forderung hinreichend grosser, gut ventilirter Räume aufzustellen, um so mehr als eine Sauerstoffentziehung der Luft durch Athmungs- und Verbrennungsprocesse mit einer Vermehrung des Wasserdampf- und Kohlensäuregehaltes verbunden ist.

Nebenbei sei erwähnt, dass Liebenthal's Untersuchungen über die Pentanlampe zeigten, dass diese den Einflüssen der Veränderung der Luftbeschaffenheit bei weitem mehr unterworfen ist als die Hefnerlampe.

––––––––––

Die Frage der Normalgasbrenner wurde ebenfalls der 1865 eingesetzten photometrischen Commission übergeben, indem sie in Erwägung ziehen sollte[1]:

> die für die verschiedensten Leuchtgasarten bei photometrischen Versuchen geeignetsten Brennermündungen (Eisen, Porzellan, Speckstein, geschnittene oder gebohrte Brenner, Argander, Weite der Brennermündung, Druck bei der Verbrennung).

––––––––––

[1] Journ. f. Gasbel. Bd. 8 S. 262 (1865).

In den 1872 gegebenen Bestimmungen [1]) wird festgesetzt:

Die zu prüfende Gasart soll bei den photometrischen Versuchen durch denjenigen Brenner verbrannt werden, welcher für diese Gasart das Maximum der Leuchtkraft gibt.

Da zur Zeit das Gesetz des Verhältnisses zwischen Verbrauch und Leuchtkraft noch nicht genügend ermittelt ist, so sollen bei den Versuchen mit Steinkohlengas bis auf Weiteres 150 l per Stunde zur Verwendung kommen.

S. Elster führte auf der Jahresversammlung 1868 [2]) mit einem von ihm gefertigten Photometer nach Foucault den dafür bestimmten Argandbrenner vor, bei welchem durch eine daran angebrachte Vorrichtung zur Regulirung des Luftzuges die Farbe der Flamme mit derjenigen der Kerzenflamme in Uebereinstimmung gebracht werden kann.

Dieser Brenner ist thatsächlich viel in Gebrauch genommen worden, jedoch ist über Versuche mit demselben wenig zu ermitteln; überhaupt sind Veröffentlichungen über die Eigenschaften der Normalgasbrenner nur sehr spärlich vorhanden.

Das mag mit dazu geführt haben, dass eine im Jahre 1893 stattgefundene Versammlung von Gasanstalts-Chemikern die Lichtmess-Commission ersuchte, die Frage nach einem für Versuchs-Apparate geeigneten Hohlkopfbrenner mit in den Bereich ihrer Untersuchungen zu ziehen. Es handelt sich dabei darum, welcher Brenner für einen Gasverbrauch von 113—180 l (4—6 cbf engl.) der vortheilhafteste ist.

Die Lichtmess-Commission hat diese Frage in Angriff genommen; bei Aufstellung des Planes dieses Berichtes war vorausgesetzt, dass über die Ergebnisse diesbezüglicher Versuche mitberichtet werden könne. Da die Versuche aber noch im Fluss und nicht abgeschlossen sind, so muss darauf verzichtet werden, jetzt bereits Einzelheiten daraus mitzutheilen.

---

[1]) Journ. f. Gasbel. Bd. 15 S. 377 (1872).
[2]) Journ. f. Gasbel. Bd. 12 S. 288 (1869).

Druck von R. Oldenbourg in München.